PLANTS
From Roots to Riches

走進帝國的知識寶庫，一探近代植物學的縮影

英國皇家
植物園巡禮

凱西‧威里斯 Kathy Willis、卡洛琳‧弗萊 Carolyn Fry｜著

鄭景文、郭雅莉、蔡佳澄｜譯

推薦序

植物園老園丁　嚴新富博士

　　本書是以英國皇家植物園的發展為軸線，將近代植物學的研究成果，用說故事的方式來呈現，非常值得一看。以下簡略介紹本書的梗概。

　　一開始，在植物學中最先上場的林奈的二名法，讓植物分類變成一個大家容易理解及快樂學習的對象；接著談到植物標本的蒐集及分類時，又敘述了前人利用近代 DNA 等分子技術，讓整個分類系統更為完善。值得一提的是，以皇家植物園植物標本館的典藏來說，依最新的分類研究成果，重新排列標本館的標本位置，是一項頗為艱鉅的工程，但皇家植物園還是依照新的研究結果來調整標本位置，這真是令人欽佩。而這種分類系統，也呈現在植物園活體展示的動線上。

　　接著，在植物生理的研究上，本書也提到了植物的向光性，除延伸介紹光合作用及植物生長素的概念，也提及科學家利用此基礎，發展出如 IAA 等植物生長素，而被園藝界大量利用在扦插繁殖上。此外，在植物遺傳研究方面，本書則從發現孟德爾定律的故事說起，談到運用在農作物改良的多倍體、抗病基因的育種，並利用農桿菌將有用基因導入農作物中的基因工程等故事。

　　皇家植物園有個重要任務，就是蒐集世界各地的植物，交給園藝專業人員栽種，並依一定的規畫把它們布置在庭園中。書中

就舉了個有趣的例子：為了將來自熱帶美洲的維多利亞女王蓮（*Victoria amazonica*）成功地栽種在英國，英國人發展出了溫室栽培系統。為了讓一些珍稀的物種保存下來，他們也發展出種子的低溫保存系統。由蒐集物種的初衷開始，而促成園藝設施及技術的發展。

皇家植物園的這種蒐集行動，也帶動了一批以植物採集的專業人士——植物獵人，進而發展出世界性的產業，如橡膠、蘭花等產業。同時，因為濫採的關係，讓一些高經濟價值的植物瀕臨滅絕，故引發世人的保育概念，國際自然保護聯盟（IUCN）並定期公布瀕危植物的紅皮書，倡導生物多樣性的重要。除了這樣的危機外，本書也提及了引種栽培造成世界各地的植物交流，使若干種植物如馬櫻丹（*Lantana* spp.）等在世界各地馴化，甚至變成入侵種，嚴重影響到當地的生態平衡，引發世人對引種相關議題的重視。

談到醫療方面，藥用植物的發展歷史，與皇家植物園有密切的關聯。以皇家植物園經濟植物典藏中心的收藏品為例，光是用來治療瘧疾的金雞納樣本，就超過一千份，再經過不斷地研究，才發展出抗瘧藥品。近代醫學發達，對人類疾病的防治也越進步，但仍有新的疾病不斷出現，而目前所開發出來的藥物無法治療。因此，世界各大研究團隊開始進入亞馬遜河流域，收集當地原住民的傳統藥用植物，藉以開發新藥。以筆者的自身經驗為例，在國立自然科學博物館（以下簡稱科博館）除了植物園的經營管理外，主要的研究工作，就是調查臺灣原住民的民族植物，希望能以植物學的方法將在地知識記錄下來，並在植物標本館中

保存證據標本，以期能將祖先的智慧傳給下一代。在這點上，我們跟英國皇家植物園的工作信念是一樣的。

打開這本書，看到皇家植物園的組織實在令人讚嘆：裡面有超過四百位研究人員，除植物標本館外，尚有各個生理、遺傳、真菌、園藝等研究部門，再加上在各個殖民地建立的植物園，真是一個超級植物園系統。反觀臺灣，植物園大多不是獨立單位，林業試驗所轄下有臺北、福山、嘉義、扇平、墾丁等各個植物園，都是屬於各分所的一部分。筆者小時候就是在嘉義植物園長大的，素來對植物園有一份濃厚的情感。後來參與科博館植物園的建設，也讓筆者更有機會了解植物園。

在簡述了本書的大略架構後，以下就來稍稍介紹臺灣的植物園概況吧。以科博館為例，科博館的植物園分為二大部分：熱帶雨林溫室，及溫室外的臺灣低海拔植物生態展示。由於植物園的基地是臺中市的公園用地，因此建設的目標是給市民一個優質的生活環境，科博館就把植物園建設成一個都市森林，種植的都是臺灣原生的樹種；而在林下，則利用蕨類、姑婆芋、絡石等耐蔭性的本土植物當地被。至於整個植物園的地理分布，則包括了北、中、南、東、恆春半島及蘭嶼等區域。

在熱帶雨林溫室內，由於巨大的鋼構加上裡面樹木遮蔭的因素，因此只能發展耐蔭性的植物展示。在設計上，以代表熱帶美洲的鳳梨科植物當做入口意象，包括空氣鳳梨、積水鳳梨、地生型鳳梨等三大生態習性的鳳梨科植物為主角，以打破國人對鳳梨的既有概念，不再局限於在地生型的食用鳳梨印象。接下來的主

動線，就以原產熱帶美洲的天南星科植物為主，依序是龜背芋、蔓綠絨、花燭、黛粉葉、白鶴芋等屬；接著才是原產在熱帶亞洲的天南星科，如粗肋草、觀音蓮、電光芋、星點藤等屬，依序分別展出。另外還搭配了其他的植物展示區，如竹芋科、秋海棠科、芭蕉科、竹蕉屬、蘭科及鹿角蕨等蕨類。

提到蕨類，它們是臺灣植物的重要資源。全世界有三十九科的蕨類，臺灣就占了三十四科，而且臺灣原生的蕨類約有七百種，其多樣性在世界上是名列前茅的。因此，科博館植物園即以蕨類為主要的蒐藏展示對象。除了特展室的常展蕨類展示外，在西屯路旁還設有原生蕨類的景觀區，以及蕨類葉形的教學園區等。另外，在植物園林下及科博館庭園樹下，均以蕨類當地被，讓整個植物園呈現出蕨類的多樣風貌。

相較於英國皇家植物園，科博館位於市區，土地及人力的資源有限，為了推廣植物學的美與知識給大眾，植物園就結合了社會資源，來充實植物園的館藏及教育推廣工作。植物園結合三個花藝設計協會，在每年的清明節、中秋節、元旦假期均會推出花藝展；每年的母親節，則舉辦押花成品展；暑假期間，推出植物手工藝品展；寒假則留給植物園多才多藝的志工們，為他們留下一個植物手工藝作品展（如種子）的時段。另外，科博館也與四個盆景協會合作，在每年十二月至元旦假期時段，於本館橢圓形廣場推出盆景展。

以上這些多樣的展示及教育活動，都是因應都會型植物園空間及人力資源的限制，所發展出來的植物園特色。相信能讓讀者更加了解臺灣與英國植物園的相同與不同之處。

　　行筆最後，要感謝商周出版，讓筆者有機會得以先睹為快，並撰文分享個人讀後心得，以及在植物園經營管理上的經驗。

（本文作者為國立自然科學博物館副研究員）

目次

The BOTANIC MACARONI

前言

　　最早來到地球的是植物。難以想像，它們遠在三十八億年前 ix
就殖民了我們的海洋。接著，當陸地從水中浮現，植物也跟著上
岸，在大約四億八千萬年前為地球表面鋪上了一層薄薄的綠意。
最早的人類在區區的兩百萬年前，才在地球上踏出戰戰兢兢的第
一步。

　　植物的總數超出我們人類許多。比起現代人類只有一屬一
種，目前認為現存的植物大約有五十萬種。在有機碳化合物的總
品質上，人類也遠遠落後——在陸地上，植物的生物品質大約是
動物生物品質的一千倍以上。

　　我們需要植物。植物供給我們空氣、食物、衣著、房舍、燃
料、醫藥、運輸工具，以及儲存知識的方法。它們為我們的一切
貢獻了基本原料，且無論我們怎麼對待它們，都還是源源不絕地
持續供給我們所需——至少到目前為止是這樣。我們必須知道這
驚人且毫無怨言的慷慨從何而來、如何運作，以及該如何保護它
們，阻止因疏忽、意外或人為過失而造成的傷害。

　　這或許令人感到相當意外，儘管植物在地球上有如此的重要
性，我們卻在不到兩百年前，才開始將植物當成是一門學科來研 x
究。所謂的植物學，在科學榜上仍然算是個新成員，需要努力掙
得一席之地。位於倫敦市中心以西約十英里處的英國皇家植物
園，座落於緩緩流動的泰晤士河的一個幽雅河彎上，許多植物學
相關的重要工作都在這裡完成。

　　西元一七五九年，奧古斯塔公主（Princess Augusta）創建了

英國皇家植物園，而後她嫁給喬治二世國王的長子、威爾斯親王腓特烈王子（Frederick Prince of Wales）。* 這片總面積三百英畝（一百二十一公頃）的綠地之所以能在倫敦郊區一大片的高級住宅區中存活下來，是因為它是皇家園林，也是最受喜愛的休憩地；因此，當植物學躋身為一門正統的科學時，皇家植物園就成了植物學研究的理想家園。一座「植物園」的概念──部分做為大眾公園、部分做為科學研究機構──誕生了。它的後代如雨後春筍般出現在世界各地，共同構築了一個地球植物生命的獨特網路，並展示各式各樣的植物之美。

今日，皇家植物園裡有超過三百位科學家，包括負責命名的分類學家、專司比對的系統分類學家，還有保育學家、植物病理專家和研究人員，他們的工作從土地利用、植物自然資本和糧食研究，延伸到政治與經濟範疇。當然，自皇家植物園創建至今的這兩百五十年間，科學這門知識也日新月異，例如對分子生物學等領域及相關技術的掌握，皆有迅速進展。但科學家一直試圖回答的問題，卻仍大致相同。

最早的植物學家是真正的拓荒者。他們通常得努力對抗偏見與冷漠。在那時，植物學並不被認為是真正的科學，充其量不過是個「灰姑娘」學門，只適合閒閒沒事幹的紳士淑女在自家花園消磨時間。最偉大的植物學家們都出身於其他專業──園丁、工程師、甚至是僧侶或祭司。他們被視為怪人，其他夥伴們得勉強在征服與發現的探險旅程中忍受他們的存在（例如庫克船長

xi

---

* 譯註：除特別說明外，本書內文所列年分均為公元紀年。

〔Captain Cook〕第一次遠航中的約瑟夫・班克斯〔Joseph Banks〕），但僅此而已。在許多勝利或悲慘的故事中，這些科學先鋒扮演了不平凡的角色，當中有些人發現自己找錯目標，甚至用錯方法；然而，故事真正的主角，還是植物。從看起來像蜜蜂的蘭花，到大得可以走在上頭的睡蓮，它們釋放出強大的魅力，激發人們去追尋相關知識，去馴養、種植、（往往還加上）食用來自帝國最遙遠角落的植物，以及去認識、見證這些駭人奇觀或吸睛珍品。

　　一位偉大的科學家曾經說過，最重要的不是單純地搜集證據，而是提出具挑戰性的問題並尋求解答。目前地球上一些最大的挑戰──氣候變遷（特別是大氣中的二氧化碳增加）、人口增長、糧食安全和疾病──都與我們和植物的共生關係密切相關。植物絕對可以提供至少部分的解決方案。相關用詞和規模也許已經改變：例如，人類或許已經可以相信，我們絕對不會再允許一個國家因缺乏對遺傳多樣性的理解而全體挨餓（如同一八五〇年代發生在愛爾蘭的饑荒）；但在閱讀本書時值得注意的是，那些逝世多年的科學家所問的問題，跟我們今日依然在問的問題一模一樣：植物如何將它們最有用的特質傳遞給下一代？這得問問盯著豌豆細看的格雷戈爾・孟德爾（Gregor Mendel）了。而當政治凌駕於科學自由之上，又會發生什麼事？那得看看發生在尼古拉・瓦維洛夫（Nikolai Vavilov）研究團隊身上的悲劇，這個團隊在列寧格勒圍城戰期間，為了保護將能繼續餵養百萬人民的珍貴標本，活活餓死在冰凍的地下室裡。

　　本書提供植物學這門學科發端之際的一些獨特研究；從最初的起源一直到今日，為這門學科的發展譜出一條時間線。本書著重於過去兩百年內植物學知識上的重大突破，並以英國皇家植物園的視角，將這些突破回歸歷史脈絡。在某些情況下，皇家植物園是主導突破的科學機構；在其他情況下，則回應了其他機構的工作成果。一直以來，皇家植物園提供了一個資訊交換的中心，讓來自自然界和學術界各個角落的主張和樣本得以在此彙聚、交流。

　　直至今日依然如此。這是一個仍在進行中的故事。比起充滿了植物學怪人和狂熱分子的往日，現在的植物園裡也許沒有那麼多留著灰鬍鬚、穿著西裝背心的老學究，但科學家們仍然駐守在這裡。皇家植物園的前園長約瑟夫・胡克（Joseph Hooker）及和他同期的喬治・邊沁（George Bentham）肯定深感欣慰──他們對植物重要性的全心信仰，以及如何向植物學習的信念，直到今日仍然是皇家植物園工作的核心。

　　現在的我們，比以往任何時候都更需要這些信念。

凱西・威里斯

二〇一四年六月

第 1 章

玫瑰玫瑰，我該如何稱呼你

A ROSE BY ANY OTHER NAME

CAROLUS LINNÆUS. M.D.

S.ræ R.iæ M.tis Sueciæ Archiater, Medic. et Botan. Profes.
Upsal: ordin. Horti Academ. Præfectus, nec non Acc.
Imper. Nat. Curios. DIOSCORIDES 2.dus Upsal.
Stocxh. Berol. Monsp. et Parif. Soc.

Natus 1707. Maj. 13/24   Delin. 1748.

J.M. Bernigeroth sc. Lips 1749.

卡爾·林奈的畫像，
出自他的重要著作《自然系統》，一七四八年版

穿過正門，走進英國皇家植物園，你一定不會錯過棕櫚館 3 （Palm House）：一座屬於植物的玻璃大教堂。棕櫚館南端矗立著皇家植物園最古老的居民之一。這是一株蘇鐵，一種類似棕櫚的樹木，樹皮上有著鑽石形狀的鑲嵌圖案，讓它看起來像隻鱷魚，蜿蜒數米向圓型玻璃屋頂延伸，最終在頂端抽出一大叢深色平滑的複葉樹冠。儘管乍看之下不見得有多漂亮，這株蘇鐵卻有不少非比尋常之處。它是一群極長壽命的植物當中的一員：和針葉樹有親戚關係、會結毬果的蘇鐵，已經在地球上存活了兩億八千萬年。它們在多次氣候變遷中存活下來，比恐龍古老，比任何開花植物或哺乳動物都更早出現。

另外，這株展示蘇鐵之所以特別，還因為它的年紀可能比皇家植物園還要大；它是世界上最古老的盆栽植物之一，更別說比我們現在所知的植物命名系統還要古老。很難相信，這株植物早在一七七五年、美利堅合眾國建國的前一年，就已經來到了皇家植物園。之後，小冰期後期凍結了部分臨近的泰晤士河，拿破崙戰爭肆虐，蒸汽機車也首次上軌行駛，時光流轉中它始終蓬勃生 4 長；而在這些歲月裡，亦或許曾陪伴如英王喬治三世、維多利亞

女王和查爾斯‧達爾文（Charles Darwin）一類的著名人物。它也全程見證了皇家植物園在植物學演進上扮演的角色；這門學科已從紳士們的休閒嗜好演變為國際重視的科學專業，受到世界各國政府和組織的支持。它企圖解決影響全球經濟的關鍵問題，並保護我們的地球。

這株蘇鐵，中名為南非大鳳尾蕉（*Encephalartos altensteinii*），原產於南非。它是皇家植物園首位植物採集者法蘭西斯‧馬森（Francis Masson）所帶回約五百株標本中的一株。在植物園實質園長約瑟夫‧班克斯（Joseph Banks）的特別叮囑之下，馬森於一七七三年在東開普省（Eastern Cape）的熱帶雨林中挖出了這株蘇鐵幼株。它的旅程──陸路、航行至倫敦港，然後乘船沿泰晤士河抵達皇家植物園──花了兩年之久。如果英王喬治三世的母親奧古斯塔公主還健在，這株安全抵達的蘇鐵，應該會讓她感到很高興。她在一七五九年創建英國皇家植物園的時候，一直希望此園能「包含地球上所有的已知植物」。

到了十八世紀後期，就在植物園這株價值連城的非洲蘇鐵逐漸適應盆栽生活時，西方世界也已經研究植物學超過兩千年。植物的科學研究可以追溯到古希臘時期，當時的哲學家暨科學家、亞里斯多德的學生泰奧弗拉斯托斯（Theophrastus），發表了現存最早的論文：倖存的九卷《植物志》（*Enquiry into Plants*）和六卷《植物之生成》（*Causes of Plants*），發表時間可以追溯到約西元前三百年。他在書中描述了約五百種來自地中海及周遭地區的植物，記錄了各種喬木、灌木、草本植物和穀物的特徵，並研究植物汁液及其醫藥用途。在他的引言中，泰奧弗拉斯托斯考察植物

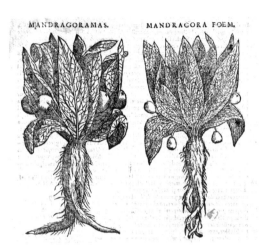

曼陀羅，出自迪奧寇里斯著《藥物論》，一五八六年圖文版

如何進行分類，並指出辨別與定義其重要組成部分的難度。大部分書中關於希臘植物的資訊，顯然都來自於他自己的觀察。而且他的做法非常現代，令人驚訝：衡量植物的某些部分是否能直接與動物的身體部位相對應，並質疑花朵、葇荑花序、葉子和果實是否該視為植物的組成部分；因為比起植物體本身，這些部位的壽命顯然較短。

　　泰奧弗拉斯托斯常被稱為是「植物學之父」，因為他的許多著作都預示了現代植物學研究的趨勢。他不僅運用系統性的觀察技術，也創造便於討論的植物學名詞，並率先開始使用植物命名的分級系統。他的研究興趣涵蓋了植物世界的所有層面，例如植物分布和氣候之間的關係；此外，他也特別重視實用植物，並蒐集許多醫藥和園藝方面的植物相關知識，後來此領域在維多利亞時期的英國蓬勃發展。即便如此，泰奧弗拉斯托斯的目標顯然是

希望能完全地了解植物，而不只是單純地寫一本實用手冊而已。

　　許多後來的植物學文本，皆專注於描述植物在醫藥上的功用。西元第五十年，被後世認為曾任羅馬帝國軍醫的迪奧寇里斯（Dioscorides），在他的《藥物論》（*De Materia Medica*）中列出了六百五十種具有療效的植物，這本書中所陳述的知識經過測試求證，在接下來的一千五百年內被廣泛參考使用。到了十五世紀，植物學家已經建立了初步的分類系統，也熟知許多植物的特性。這個時候的藥用植物園或藥草園（gardens of simples），多半設於修道院和醫學院內。十六世紀起，藥用植物園開始被稱為醫藥園（physic garden），而且有了更系統性的發展。這類植物園首先在一五四四年和四五年分別成立於比薩和帕多瓦，但很快就在佛羅倫斯、波隆那、萊登、巴黎和牛津各地興起。早在一五五五年，西班牙御醫安德列斯・拉古納（Andrés Laguna）就曾這麼試圖說服西班牙國王：「義大利的所有王子和大學們，都以擁有許多優美的園林而感到自豪，裡面種滿了在世界各地所發現的各種植物；以陛下的身分，您也可以下令提供西班牙成立至少一個植物園，由皇室出資支援。」

　　最初，這些藥用植物園都相當地小。花壇依正規的幾何圖案排列，根據美學和象徵性的考量來擺放植物。直到十七世紀，才開始根據原產地或品種等實用性較高的基準來排列植物。那時的植物園與醫學院校有著緊密的聯結，提供藥草師學徒一個能學習如何識別植物並製備藥品的所在。其中，如何準確命名植物園的植物格外受到重視——這對植物的藥物用途來說非常重要。這也影響了當代植物標本館的建立（蒐集許多壓平後黏貼在紙張上的

帕多瓦的藥用植物園，成立於一五四五年

植物標本）。

　　從許多方面來說，皇家植物園這類的現代植物園——由許多　7
活生生的植物、壓平的植物標本和書籍所構成——正是原始藥用
植物園的直系後裔。

　　然而過沒多久，藥用植物園的功能就從種植藥用植物轉為展
示異國植物。隨著克里斯多福・哥倫布（Christopher Columbus）
遠航美洲，以及瓦斯科・達伽馬（Vasco da Gama）遠航印度的創
舉，歐洲打開了一個新世界，越來越多新發現的植物開始運抵歐
洲海岸，植物學知識因此迅速發展。英國博物學家約翰・雷
（John Ray）在他發表於一六八六年的著作《植物通史》（*Historia
Plantarum Generalis*）中，甚至列出了一萬七千種標本。

　　不過，雷和同時代的研究者仍然得面臨泰奧弗拉斯托斯面臨

8　過的問題：如何最正確地分類並命名新發現的植物。十七世紀晚期眾多植物學家的研究，開啟了以科、屬、種分類植物的系統，奠定了現代植物學的基礎；雷正是其中一位。身為村莊鐵匠的兒子，他靠著教區牧師的協助進了劍橋大學，後來遊歷了整個歐洲，並自許多地方採集了植物。他非常認真思考哪些特徵最適合用來辨別物種和其他植物群，並偏好採用「基本」特徵——換句話說就是穩定不變的特徵，像是花和種子——而不是那些「偶發」的特徵來分類植物，例如尺寸的變化或氣味。和其他偉大的植物學家一樣，雷的研究興趣廣泛，在理解植物的內部運作上也做出了重要貢獻：植物生理學。他的《植物通史》更被形容為是第一本現代植物學的教科書。

　　雖然在分類工作上已取得了極大進展，但同一種植物所擁有的各式各樣、非常冗長的名字，卻是進一步研究的主要障礙。例如「雛菊」這樣一種植物的名字，可能就包含了長達三行的拉丁文敘述。而且同一種植物還可能有不同名字，由同樣字彙按照不同順序排列，只因植物學家們無法達成共識，到底是「葉子有刺」還是「紅色花朵」比較重要，應該優先放在名字前面。正如同作家暨科學史學家吉姆・恩德斯比（Jim Endersby）所解釋的：

> 植物名稱是極度混亂的根源。每個植物園園長、蒐集者和植物學者都有自己的系統。我們根本無從得知標本裡有多少物種，因為沒有任何專家能夠取得共識，也沒有人會使用相同的系統。這種植物學上的巴別塔（Tower of Babel）亂象，大家心裡都有數。植物學家之間相互

通信的時候，兩個人其實都搞不清楚自己在講什麼。每位植物學家不僅各自稱呼該植物的當地俗名，許多情況下他們也有自己的學術系統，甚至彼此往往還說著或書寫著不同的語言。

有一個人特別留意這個問題。熱愛植物的瑞典博物學家卡爾・林奈（Carl Linnaeus），從孩童時期就開始探索、收集並記錄祖國的植物。林奈的父親是名熱中於園藝的助理牧師，家族傳聞他曾經以鮮花裝飾寶貝兒子的搖籃，還會讓手裡握著花的嬰兒躺在草地上。這個男孩後來學醫，最後成為瑞典烏普薩拉大學（Uppsala University）的教授。林奈在醫學上有著重大貢獻，特別是他利用營養食物來預防疾病，及以拉普蘭（Lapland）地區的薩米人（Sami people）為對象的開創性醫學人類學研究。然而他最有名的，還是在植物與動物命名上的成就。

林奈憂心瑞典的未來，擔心他的國家並非帝國，必須依賴進口商品，而統治階級的腐敗將使這個國家破產。瑞典需要新的財富來源。在他看來，解決問題的答案就藏在那一波波從英國、法國、西班牙、葡萄牙與荷蘭殖民地運抵歐洲沿岸的植物當中。他推論，如果茶葉、稻米、椰子等異國商品能夠在瑞典生長，他的國家就可以變得自給自足；但他似乎完全沒有設想過，來自熱帶地區的植物可能無法在寒冷的瑞典氣候下生存。「如果我的手中能突然出現一顆椰子，當我剖開它時，那就堪比是來自天堂的烤雞飛進我的嘴裡一般。」他熱切地表示。

無獨有偶，泰奧弗拉斯托斯和林奈都對經濟植物學展現了濃

厚興趣。這並不是巧合，研究有用的植物一直是植物學研究的核
心；在某種程度上，也是因為在那個大多數藥品都直接來自於植
物的時代，醫學和植物學之間有著密切關聯。許多十七到十九世
紀的歐洲植物學家一開始都曾受過醫學訓練，其中包括林奈、達
爾文和皇家植物園的約瑟夫·胡克。

　　林奈為植物學做出了兩大貢獻，分別是發展出一個適用於所
有植物（及其他生物體）的可行分類系統，以及建立由屬與種而
非長串名詞來命名植物的現代系統。這兩大貢獻，讓十八世紀探
險旅程中發現的許多新物種都能輕易地被分類命名。在此之前，
只有富家子弟才會對植物學感興趣，這讓身為貧困學生的林奈很
難取得當時最新的植物學文獻。因此，林奈之所以將他的分類方
法以人人負擔得起的手冊形式出版，讓植物學新手或兼職植物學
家都能輕易取得，想必也是刻意為之。

　　在他一七三五年的著作《自然系統》（*Systema Naturae*）一書
裡，當時年僅二十七歲的林奈建立了植物的五層分級結構：綱
（classes）、目（orders）、屬（genera）、種（species，又稱物種）
和變種（varieties，又稱品種）。根據被他稱為「丈夫」的雄性生
殖器官（雄蕊）的數目和相對長度，他鑑別出二十三綱的開花植
物。單雄蕊綱（*Monandria*）的植物，例如美人蕉（*Canna*），具
有一個雄蕊，被形容為像「只有一個丈夫的婚姻」；二雄蕊綱
（*Diandria*）的植物，例如婆婆納（*Veronica*），具有兩個雄蕊，被
說是像「一段婚姻裡有兩個丈夫」；以此類推。林奈的第二十綱
多雄蕊綱（*Polyandria*），其中包括罌粟（*Papaver*），則類似於「二
十個或更多的男性和同一個女性一起上床」。此外他還加入了第

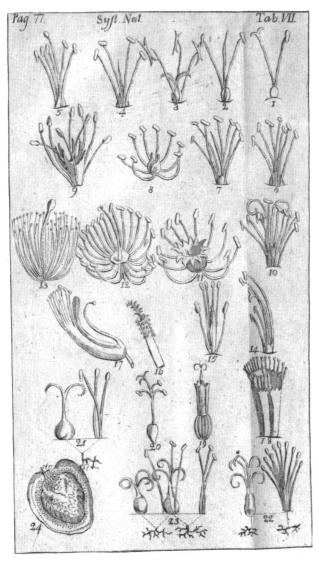

影響力深遠的林奈著作《自然系統》當中的插圖，一七四八年版

二十四綱隱花植物（*Cryptogamia*），以含括那些像是苔蘚一類、沒有明顯生殖器官的植物。而依據雌性生殖器官的特徵，林奈進一步在這些綱下劃分出不同的目。

12　　　因為使用了有關性的詞彙，這種分類法在某些階級掀起了軒然大波（畢竟植物學到那時為止，都還被視為是適合上流社會年輕女性的安全消遣）。「林奈氏植物學第一原理的直譯足以震驚矜持的女性」，後來成為卡萊爾主教的塞繆爾・古德諾（Samuel Goodenough）咆哮著：「許多覥腆的學生很可能根本無法辨認出蝶豆屬（*Clitoria*）和陰蒂的比喻。」儘管有這些反對聲浪，加上這套系統僅僅依據花朵特徵，就在植物間建立了「人為」的關係，但它非常實用。如今，熱心的植物學家可以迅速為樣本進行分類。

　　　至於那些用長篇拉丁詞彙寫成的繁瑣植物名稱呢？在淬煉過他的分類系統後，林奈接著提出一個利用屬和種兩個字（二名式）建構的命名系統。他將「屬」詮釋為花朵和果實構造類似的同一群物種；同時，他認為種名要能將此植物從同屬其他植物中區別開來。現在，植物名稱不再需要包含冗長的描述，根據他的系統，如果你有了屬名和種名，你就可以輕鬆地查出關於該植物的相關描述。在這個系統下，植物沒有必要透過名稱來傳達關於此物種的資訊；相反地，植物名稱可以用來紀念首先描述這種植物的人，或是它被發現的地方。

　　　一七五三年，林奈發表《植物種志》（*Species Plantarum*），利用新的二名分類法命名了六千種植物，並且加上每種植物的特徵描述。因為非常實用，他的分類與命名系統很快成為植物學研究中

最受歡迎的方法，進而也使植物學變得更加普及。因此，林奈極力推廣用來替代昂貴中國茶的瑞典當地植物北極花（twinflower），即被命名為林奈木（*Linnaea borealis*）。正如他自己所寫的：「植物學家（因此）有別於外行人，因為植物學家有能力為植物取一個只適用於此特定植物、而非其他植物的名字，而且讓世界各地的任何人都能夠理解這個名字。」

　　歸功於林奈，皇家植物園裡最老的蘇鐵和其他動植物一樣，有個分成兩部分的學名。其屬名 *Encephalartos* 來自希臘文，表示「頭裡的麵包」（這是指從蘇鐵的莖部萃取出澱粉髓、並揉成麵團的傳統做法）；而它的種名 *altensteinii*，是為紀念十九世紀的德國政治家卡爾・馮史坦・楚・艾坦斯坦（Karl vom Stein zum Altenstein）。林奈發明的並不只是一種命名生物的方法，也是一種理解植物的方式；他將植物放進了一個標準化分類層級架構，並希望此種架構能有助於揭開自然界運作的方式。有了林奈的命名系統，維多利亞時代的博物學家總算有了植物專用的語法，和認識花卉的語言。

13

第 2 章

打造植物王國

PLANTS TO SHAPE SOCIETY

鋸緣班克木（*Banksia serrata*）；
原產於澳洲，由約瑟夫・班克斯所採集，並以他的名字命名

倫敦的皮卡迪利街上擠滿了遊客和上班族，在洶湧人潮的腳 17
下，藏著一個高度安全的保險庫。這間建於一九六九年的
堅固房間設有兩扇保護門，外面那扇是厚重的丘博保險庫門，裡
面那扇則是木門，兩扇門間有著一道保護氣閘。庫房內有一台機
器不斷地記錄溫度和濕度，所以工作人員可以留意溫濕度是否變
得太高。然而，這個四乘五平方米大小、沒有窗戶的保險庫裡藏
的既不是現金，也不是珠寶；如同它卓越的地理位置所暗示的，
是另外一種寶藏。

這間擺放著紅木架及一排排抽屜的庫房，是卡爾・林奈的圖
書館暨標本館。裡頭的收藏包括成千上萬珍藏在玻璃蓋標本盒中
的蝴蝶、甲蟲和貝殼；用絲帶綁成整捆、超過一萬四千種存放於
檔案夾中的乾燥植物標本；林奈以微小字跡寫就的手稿；還有他
影響力深遠的著作——《自然系統》和《植物種志》的原稿。

鑑於林奈是瑞典人，生命中大部分的時間都在家鄉度過，他
的遺物居然收藏在英國，多少有些令人吃驚。事實上，這幾乎是
個意外。

　　一七七八年，這位享年七十歲的偉人去世後，他的收藏歸於
他的妻子莎拉・麗莎（Sara Lisa）手中。她希望能確保這批收藏品
被妥善保存下來，因此聯繫了約瑟夫・班克斯，而當班克斯打開
18　她的來信時，碰巧正和年輕的博物學家詹姆斯・愛德華・史密斯
（James Edward Smith）共進早餐。於是班克斯提了個建議：購買
這批收藏品，將有助於讓史密斯這個年輕人在科學界揚名。

　　所以，在史密斯的父親——一位富裕的羊毛商人——起初不
太甘願的幫助之下，史密斯收購了林奈畢生的心血：一萬四千種
植物、三千一百九十八種昆蟲、一千五百六十四種貝殼、約三千
封的信件和一千六百本書籍。而在不久後，史密斯就創辦了林奈
學會（Linnean Society）。這正是這批收藏品目前的居所，完完整
整地保存在學會的地下儲藏庫裡。史密斯的收購行動在植物學史
上是個關鍵，因為它提供了素材，讓英國得以進一步研究林奈的
自然界分類系統。

　　有個杜撰的故事說，等瑞典人意識到林奈的植物標本和圖書
收藏離開瑞典海岸時已為時太晚，所以派了砲艇，企圖追上載著
精裝藏品前往倫敦的船舶；但沒有證據可以證明這個故事是真
的。當然，一七八八年二月，班克斯寫信給瑞典植物學家和分類
學家奧洛夫・斯沃茨（Olof Swartz）的時候，並沒有提到這個故
事。信中班克斯告訴斯沃茨關於林奈學會的成立：「上週二在這
裡成立了一個新的學會，並遵循收購林奈植物標本收藏的史密斯
博士所提出的方針，命名為林奈學會，旨在發表新的植物、動物
等物種。我認為這個學會將會蓬勃發展，因為此機構非常謹慎地
杜絕了不適任人選。」

　　一八七三年，該協會搬遷到現址伯靈頓府（Burlington House）特別建造的一翼。如今，林奈的肖像被放在會議室中最醒目的位置，就在宏偉的橡木講臺上方，臺上並刻有他的代表花：能製成茶的林奈木。荷蘭植物學家揚・赫羅諾維厄斯（Jan Gronovius）以這位偉大的分類學家的名字為該植物命名，而林奈對它懷抱深厚感情的同時，曾自我調侃地將其形容為「來自拉普蘭的一種鄙賤、微不足道、又被人忽視的植物，會開花但花期非常短暫——酷似它的林奈筆」。比起他的植物命名系統，林奈推廣這種植物做為拉普茶的嘗試並不太成功；他的植物學家兒子後來描述這種林奈木製成的茶「滿噁心的」。

　　幫忙保存林奈收藏品的班克斯，是十八世紀最傑出的仕紳學者及事業男性當中的一位。政府資助的專業科學家職位要到十九世紀末期才會出現；在此之前，大多數科學家不是以其他專業為生，要不然就是本身相當富裕。那時候還沒有國立的自然史博物館，他們得繼承許多財富才能擁有大量個人收藏品和圖書館；即便是大英博物館，也是靠著漢斯・斯隆（Hans Sloane）的遺贈，而成立於一七五三年，且之後有好長一段時間，館內的生物收藏品都沒有得到妥善的照顧。

　　班克斯在一七六一年父親去世後，繼承了林肯郡富裕的里夫斯比宅邸（Revesby estate），這筆財富完全能夠滿足他對植物學的熱情。在牛津大學當學生的時候，他發現植物學的教授不怎麼樂意教學——事實上，這個教授三十五年來只講過一堂課——班克斯於是安排了劍橋大學的植物學家來講課。這個早期的插曲顯示了班克斯當機立斷、不惜任何花費達到目標的能力。

　　一七六八年，班克斯出資贊助自己和另外七個人，包括林奈的學生丹尼爾・索蘭德（Daniel Solander），跟隨詹姆斯・庫克（James Cook）遠征，觀察金星凌日的現象，並找尋未知的南方大陸（*Terra Australis Incognita*）。人們相信這塊神祕的大陸存在，以制衡北半球的陸地面積。博物學家約翰・艾利斯（John Ellis）負責協助老邁的林奈掌握準備工作的進行狀況，寫信給他說道：

20

> 以自然史*研究的用途來說，沒人帶過比這更好更精緻的裝備出航了。他們有個很棒的自然史圖書館；有各種機器能夠捕捉並保存昆蟲；各類捕蟲網、拖網、捕捉珊瑚礁魚類用的流錨和魚鉤；甚至還有架新奇的發明，是個放入水中後、在清澈處可以看見海底深處的望遠鏡。他們有許多箱附磨砂瓶塞、不同尺寸的瓶子，用來保存以酒精固定後的動物標本。有好幾種不同的鹽可拿來覆蓋種子；蠟、蜂蠟和果蠟都有。他們有兩位畫家和繪圖員，還有好幾個頗知自然史的志願者；總之索蘭德向我保證，這次遠征將耗資班克斯先生一萬英鎊。

　　雖然這次遠征沒能抵達南極洲，但還是到了安蒂波德斯群島（Antipodes）。奮進號（The *Endeavour*）於一七六八年八月離開普利茅斯，首先停靠馬德拉島（Madeira），接著停靠里約熱內盧，

---

*　譯註：Natural History 一般翻成「自然史」，但更符合原文語意的譯法為「博物學」。本書翻作自然史，但研究此門學問的 Naturalist 則譯為「博物學家」，以免跟歷史學者混淆。

一七七〇年六月，奮進號遠征新荷蘭（澳洲新南威爾斯）海岸

然後往南航行到火地群島（Tierra del Fuego）。在那裡，由於一個　21
判斷錯誤的任務，兩個班克斯的僕人在雪地採集植物時凍死了。
探險確實是件危險的事——即便它在當時將眾多植物帶入歐洲，
並誘發了無數人對植物學的興趣。

　　聖誕節在海上度過。班克斯在他的日記中寫道，「聖誕節：
所有的好基督徒——也就是說，所有的好幫手都令人討厭地喝醉
了，所以整晚船上幾乎沒有一個清醒的人。天氣，感謝上帝，非
常地溫和，也許上帝知道我們之後會發生些什麼事。」從南美續
航後，奮進號造訪了大溪地和紐西蘭，直到一七七〇年才停泊在
澳洲的富饒東岸。庫克將此地命名為新南威爾斯，並宣稱其為英
國屬地。考量到當地豐富的植物相，班克斯說服庫克將他們首次
停泊的港灣命名為「植物學灣（Botany Bay）」。經過幾天的沉浸
閱讀，並採集這裡豐富的植物群後，班克斯寫下：「我們的植物

收藏，現在已經增長得非常〔摘錄原文〕龐大到必須採取某些特殊的保護措施，以防止他們在書頁裡敗壞〔它們被夾在書裡等待乾燥〕。」

　　班克斯的日記裡也記錄了水手和植物學灣附近的澳洲原住民間的緊張關係，還有他與袋鼠的第一次邂逅，他描寫袋鼠是「一種和灰狗一樣大的動物，有老鼠的顏色，而且動作非常迅速。」離開植物學灣以後，這艘船沿著海岸線北航。班克斯記錄的某些植物，和他曾在東印度群島所看過的相同。在現在被稱為摩頓灣（Moreton Bay）的延伸海岸邊，他如此寫著：

> 我們上了岸，發現了幾種沒見過的植物；然而，其中仍有比前一個港灣更多的東印度群島植物；一種我們也曾在那裡看過的草，帶給我們很多麻煩。它鋒利的種子上有倒鉤，只要卡在我們的衣服，這個倒鉤就會向前推進，直到卡進肉裡為止。這種草長得非常茂盛，幾乎沒有可能避開；另外，還有同樣不可計數的蚊子，讓行走變得幾乎無法忍受。

22

　　然而，這些辛勞和不適是值得的。使用林奈全新的植物分類法，班克斯和他的助手索蘭德，在奮進號上逐漸累積並辨別出三千六百個種，其中一千四百種是新種。班克斯受邀晉見國王喬治三世，還變成了名人。班克斯剛回英國不久，有個繪於一七七二年、廣受好評的漫畫把他畫成了「植物通心粉（botanic macaroni）」。「通心粉」是個壯遊（Grand Tour）中的浮華大學畢業生，這裡指班克斯廣泛的旅行經歷，也代表外界對班克斯的

普遍看法，覺得他是個野心勃勃、企圖擠進上流社會的傢伙，而不是個嚴肅的科學人。

班克斯原本打算參加庫克船長的第二次航程，但他要求攜帶十五名私人隨從，其中還包括兩名法國號樂手，得到的回應就不太友善了。當庫克指出，為容納班克斯的隨從，內部須做的改裝將使船隻變得頭重腳輕時，班克斯就退出了遠征。而他希望招募來的團隊能「至少在某個方面對科學進展做出貢獻」，故轉而航向冰島。但這並不是趟非常成功的旅程：出發的時間太晚，可供採集的植物並不多。這趟旅程之後，班克斯就把時間都花在倫敦的家和林肯郡的家族宅邸裡。

到了一七八〇年代早期，他享受著從男爵（Baronet）的生活，除了負責「差不多就是監管整個〔國王的〕皇家植物園」外，也身兼英國皇家學會會長、內閣部長顧問，還是全球科學研究的贊助人。歸功於他和國王對農業的共同興趣，兩人的友誼穩固增長。班克斯深信，英國註定要成為世界的主要文明力量；透過科學力量——特別是植物學——和帝國擴展可以達到這點，兩者還能互補、共創利益。

班克斯在皇家植物園內所扮演的角色，並不侷限在植物上。當被戲稱為「農夫喬治」的喬治三世想提高英國羊毛品質的時候，他協助走私西班牙的美麗諾羊，橫跨葡萄牙，將其運進皇家植物園，放牧在寶塔（Pagoda）周圍的草地上。有些羊隻最終被拍賣、運往新南威爾斯，因而奠定澳洲美麗諾羊毛業的基礎。到了一八二〇年，澳洲已經牧養了三萬三千八百一十八頭的羊隻。

班克斯的興趣包括農業改良、政治權力和科學。和林奈一

皇家植物園內，
威廉・伍列德（William Woollett）風格的十八世紀羊群雕版畫

樣，他想利用植物和植物學，使他的國家能變得自給自足。然
24　而，班克斯比林奈這個瑞典人看得更遠。儘管林奈曾試圖在瑞典
栽培新發現的熱帶植物，以減少母國對進口的依賴，但班克斯卻
有更廣闊的視野；他想要改良整個世界，並建議先從「封閉」公
有土地開始。當時，英國的大部分地區都是公有的；任何人，不
管多麼貧窮，都可以在這些「公有地」上放牧動物、採摘水果，
或撿拾柴火。班克斯認為這些區域是被忽略的土地，能有助於養
活增加中的人口。因此，他支持圈地法（Enclosure Acts），將這
些公有地變成能用來種植，並受保護的私有財產。正如吉姆・恩
德斯比所解釋的：「這基本上就是班克斯看待世界的態度——一
系列等待改良的荒地或公有地。」

　　班克斯希望能提高世界上所有荒地的生產力，並把皇家植物

園放在這個宏願的中心位置。從採集到園內珍貴南非大鳳尾蕉的植物獵人法蘭西斯・馬森（Francis Masson）開始，班克斯派遣植物採集者前往世界各地，帶回各種新穎且可能有用的物種。博物學家暨外科醫生阿奇博爾德・孟席斯（Archibald Menzies），曾隨著 HMS 發現者號（HMS *Discovery*）於一七九一年至一七九四年間環航世界，班克斯在寫給他的信中，把要求列得很清楚：

> 當你看到那些新奇或名貴的植物，但你覺得它們大概無法藉著種子在國王陛下的植物園裡繁殖時，請你挖掘出數個合適樣本，種植進專門用來保存樣本的玻璃容器裡，用你最大的努力讓它們存活到你回來英國為止。你要把每一株樣本，以及在這趟航程中會蒐集到的所有植物種子，完完全全地視為是國王陛下的資產，不管在任何狀況下，都不可以失去任何樣本；除了供國王陛下所用之外，也絕對不可以為了任何其他目的，而進行扦插、壓條或使用植物的任何部分。

25

在班克斯的慈惠下，年輕的植物獵人威廉・科爾（William Kerr）去了中國，採集虎皮百合和重瓣黃木香。與此同時，皇家植物園的園藝學家艾倫・坎寧安（Allan Cunningham）和詹姆斯・鮑威（James Bowie）則共同在巴西採集樣本，之後才分道揚鑣，分別航向新南威爾斯和南非。

一七九二年，班克斯自豪地向同期的博物學家們如此吹噓手下採集者辛勤耕耘的成果：

　　皇家植物園帶著與日俱增的活力向前邁進〔引錄原文〕。最近收到並新增的植物〔引錄原文〕的確非常有意思。我們有三棵來自中國的木蘭，只有一棵是我們以前就認識的，是因為曾被收錄在坎普弗爾（Kaempfer）的《日本植物圖選》〔Icones，一本由班克斯出版的植物學著作〕裡的關係……南美樹蘭（Epidendrums）每天都會開花；香草更是長得和玻璃窗一樣高而且很快就要開花了。蕨類植物由來自西印度群島的孢子培育而成，所以植物園應該很快就會滿到裝不下了。*

　　雖然班克斯自己不再出國遠遊，他卻把全世界帶進了他位於倫敦蘇豪廣場 32 號的家中，使之成為一個組織嚴謹的自然史學院。透過發起遠征，他能帶回當地原住民與特有習俗的資訊，以及動植物標本，建構出異域的虛擬圖像，並利用這些知識來計畫新的探險。他也善加利用自己在新南威爾斯的經驗，在調查者號（the *Investigator*）遠航澳洲前提供政府相關建議。這艘船由班克斯加以命名，他也給了艦長馬修・福林達斯（Matthew Flinders）
26　詳細指引，說明要做什麼並且航往何處，還延攬蘇格蘭植物學家羅伯特・布朗（Robert Brown）隨船工作。實際上，他把調查者號當成一架望遠鏡，通過它來觀察遙遠的大陸。他不需要親自返回澳洲，藉著地圖、標本和遠航紀錄──他把澳洲搬到了自己的眼前。

---

* 　譯註：Icones 是 *Icones selectae Plantarum, quas in Japonia collegit et delineavit Engelbertus Kaempfer* 的簡稱。

聖文森的植物園，是最古老的殖民地庭園之一，建於一七六五年

　　身為第一批涉足植物學灣的歐洲人，班克斯也建議英國政府，此地點可以建立一個流放殖民地，前提是能夠在此地引進歐洲農作物和牲畜。在奮進號的航程日記裡，他注意到此地的森林「沒有任何下層植生，樹木彼此分布的距離那麼遠，整個國度，或至少一大部分可以用來農耕，而不需要砍伐任何一棵樹。」政府採納了班克斯的建議後，他接著幫忙編譯了一份〈植物混成詞集〉（portmanteau collection of plants），內容包括了所有他認為適合當地生長條件的歐洲蔬菜、藥草、漿果、水果和穀物。

　　同時代有篇對這個初生國家的描述，作者是身為殖民者的作家詹姆斯・亞特金森（James Atkinson），他認為班克斯的選擇非常好：「這些歐洲可食用、烹飪的蔬菜和根莖類都長得非常良好，還有許多其他在英格蘭境內、不藉助人工熱源就無法培育的種類。水果的數量種類非常多，而且品質都非常優良。」

　　除了澳洲，班克斯也幫助殖民者在印度、錫蘭（斯里蘭卡）、聖文森、千里達和牙買加建立植物園，並多半僱用那些他所信任的植物採集者，來管理這些植物園。他希望，某一殖民地的名貴植物能被運往其他地區的姊妹植物園，然後在那些植物園裡繁榮增長。他希望能透過植物園網絡，實現他對「改良地球」的夢想。然而，現實中植物園間彼此溝通困難，使這個願望無法在班克斯享盡天年之前實現。舉例來說，一封寄往澳洲的信，可能需要花上好幾個月才能到達目的地，所以班克斯不管是要下達指令或得到回覆都很困難。曾有個例子，當某封信終於送抵雪梨植物園時，信件的收件人卻已經過世了。結果顯示，班克斯——和皇家植物園——擁有一個在英國屬下蓬勃發展的植物王國，對它的控制程度卻非常有限。

　　在一八二〇年班克斯和喬治三世國王雙雙過世後，皇家植物園同時失去了植物學領袖和皇室支持者，也失去了班克斯的圖書館和植物標本這些智慧結晶。與林奈的書籍手稿不同，班克斯的收藏散佚四處。後來為班克斯管理圖書館的羅伯特・布朗（Robert Brown），繼承了班克斯的書籍和植物標本；這些收藏原本應該在布朗死後捐給大英博物館，但當時他同意在一八二七年就全數捐出。同時，班克斯的文稿則落到他妻子的親戚、布拉伯恩勛爵（Lord Brabourne）手裡；一八八〇年，布拉伯恩勛爵以兩百五十英鎊向大英博物館求售這批文稿，卻被博物館拒絕。結果這批文稿被放到公開市場上拍賣，像被風吹過的種子一般，散落到世界各地。

　　當班克斯幫忙確保林奈的分類系統在他去世後還能繼續傳承時，他自己留下的遺產卻有凋亡之危。英國需要其他有遠見的人，來理解這份名為世界多樣植物相的財富。

第 3 章

植物標本的無限可能

PRESSED PLANTS AND POSSIBILITIES

查爾斯·達爾文採集的小舌早熟禾植物標本，上頭有他的簽名

皇家植物園一間玻璃隔間的會議室裡，一群植物學家熱切地　31
檢查一疊奈及利亞的太陽報。他們對頁面上微笑的非洲時
尚達人不感興趣，反倒專注於那些躺在摺疊的報紙間、有著壓平
了的枝條、樹葉和花朵的乾燥標本。皇家植物園潮濕熱帶團隊
（非洲）的分類學家們，與英國及當地同仁們一起，在奈及利亞
的加沙卡古姆蒂國家公園（Gashaka Gumti National Park）採集了
這些標本，並帶回倫敦西部。這些標本中可能包含稀有或未知的
物種，也可能包含能製成重要藥物的植物，但在它們被正確辨識
出來之前，沒有人知道結果。要了解更多關於此公園的植物相，
這份工作非常急迫，因為它的森林已經消失了百分之九十。今天
的會議要把標本分別歸類到各自所屬的科別內，這是解開其奧祕
的第一步。這項工作完成後，各種植物會被分別交付給相關的分
類學家鑑定屬別和種別，貼到無酸紙上後歸檔，進入科學上的正
確位置——由皇家植物園七百五十萬份標本所構成、巨大乾燥植
物的「家族樹」中。

　　植物標本館是保存植物標本的所在。這批標本已經壓平、乾
燥並貼在紙上，或保存於充滿酒精的玻璃罐中。植物標本館的存　32

在，正是植物園與其他類型園林最大的不同點。

　　最早的植物標本館被稱為「乾燥花園（horti sicci）」，源於十六世紀義大利的新藥用植物園，由上面貼有乾燥植物的紙張裝訂成冊，集結而成。漢斯・斯隆（Hans Sloane）於一七五三年捐贈給大英博物館的壯觀植物標本收藏品，也是採用這種保存方式。然而，十八世紀出現了許多新物種——眾多探險旅程所造成的結果——而且有了新的林奈氏分類法，使用散裝紙張變得比較方便；當有新品種或新分類規則出現時，可以隨時加入紀錄。約瑟夫・班克斯的植物標本館就是採用此形式。

　　植物標本館與圖書館或博物館不同的特色之一是：一間管理完善的植物標本館，標本存放的位置會不時更動，以符合對植物親緣關係最新的詮釋。一間靜止的植物標本館，只能算是收藏死去植物的博物館；真正的植物標本館，是個活生生的研究工具。

　　皇家植物園的植物標本館是全世界最大的標本館之一，每張臺紙上只展示一個物種的單一標本。同一屬（科以下的分類層級）的物種被歸檔在同一檔案夾裡；接著，同科不同屬的各個檔案夾，會被一起放進這個科別專用的檔案櫃裡。而皇家植物園的分類學家，則利用他們對全球植物多樣性的專業知識，確保每一個物種都能和它們的近親一起被歸檔在正確位置。如此一來，想要了解某種特定植物屬性的科學家們，就能知道在哪裡可以找到相關標本。館內的標本來自世界各地，由各式各樣的人們在過去數百年間陸續收集而來，形成一間皇家植物園工作用的重要參考圖書館。植物標本館館長大衛・辛普森（Dave Simpson）即表示：「我們最古老的標本可以追溯到西元一七〇〇年，但大多數

的標本都來自十九世紀中葉。」*

　　皇家植物園裡的古老標本，例如班克斯的那些植物標本，與現代標本的主要差異在於標籤品質的不同。現代的標籤上充滿了各種資訊，包括此植物的採集位置及其周遭的生態環境。標籤上也會包含此樣本無法明顯提供的植物細節，例如樹高或花朵原本的顏色；相反地，一份古老標本的標籤上，如果有任何紀錄，可能也只標示了採集的年分或國家。

　　皇家植物園植物標本館的歷史可以追溯到西元一八四〇年、植物園的所有權由皇室轉移到政府之時。到了一八三〇年代，歸功於班克斯，許多英國殖民地都已成立植物園，但他們的成立原因卻各有不同。有些是出於當地首長對植物學的熱情，有些植物園的成立卻僅僅是為了替罪犯提供工作。一八三八年，約翰・林德利（John Lindley）——倫敦大學學院的植物學教授，也是倫敦園藝學會的助理祕書——寫了一份關於不同皇家園林的報告給政府，這些園林在喬治三世與班克斯於一八二〇年雙雙過世之後不斷沒落。為了節省預算，英國財政部還曾質疑這些皇家園林是否真有存在的必要。

　　然而，林德利沒有接受關閉植物園的意見，反而提出要將皇室贊助的皇家植物園改為由政府預算補助，「以促進整個帝國的植物科學」。他相信，如果由皇家植物園統一管理，大英帝國海外的雜牌軍植物園應可為醫藥、商業、農業和園藝帶來莫大助 34

---

* 譯註：中文版出版時，大衛・辛普森已卸下植物標本館館長職位，特此說明。

益：「它們都應該受植物園園長的掌控，與他同步作業，透過他
彼此合作，持續向母園回報工作進度、說明所需並接收物資，然
後利用植物界中所有有用的一切，來幫助祖國。」

　　為了要調查不同植物資源所蘊含的商業財富，政府需要皇家
植物園來找出哪些植物可能具有商機、而它們又生長在哪裡。林
德利曾在班克斯的倫敦宅邸中工作過，利用班克斯的收藏品來進
行玫瑰的分類，他在這份報告中要求建立「一個龐大的植物標本
館及藏書可觀的圖書館」，以協助鑑定和命名植物。政府派來將
皇家植物園發展成國家植物園的人選威廉・傑克遜・胡克
（William Jackson Hooker），以非常認真的態度看待林德利的報
告。胡克是位敏銳的植物收藏家暨分類學者，年僅二十歲便已鑑
定出他第一個尚未為英國所知的新種──無葉煙桿蘚（*Buxbaumia
aphylla*）。當一八四一年出任皇家植物園園長時，他帶來了自己的
標本館和圖書館，並占用了住所「西園（West Park）」好幾個房
間。他對自己的目標極富野心：「我下定決心，將不惜任何代
價，盡力讓我的植物標本館成為歐洲的私人收藏中最豐富的一
個。」

　　隨著時間過去，胡克鼓勵其他植物學家和機構出讓收藏品，
以成立皇家植物園所屬一個單獨的植物標本館。一八五二年，植
物學家暨旅行家威廉・伯姆菲爾德（William Bromfeld）收藏的
植物標本率先被正式收購；兩年後，植物學家喬治・邊沁
（George Bentham）用鐵路送來了四大貨櫃的標本；然後在一八
五八年，英國東印度公司也捐贈了幾批數量龐大、但有部分受到

於一八四七年開幕的皇家植物園第一座經濟植物學博物館，
以雕版畫繪製

害蟲或濕氣破壞的植物標本。

有許多來到皇家植物園的植物標本，是個別植物學家寄給胡
35 克的。在十九世紀初期，薪水很低的兼職博物學家與富裕的獨立
研究者間彼此通信，是很平常的現象。兼職學者往往無法負擔昂
貴的自然史專書，也無法進入相關的博物館，但兩者卻都是從事
標本分類所必需的；因此，他們試圖和能取得這些資源的「仕
紳」收藏家們建立友好關係。藉著這種方式，兼職學者以他們在
居住地所採集的樣本，換取與他們所選擇科目有關的知識。而在
與這些紳士收藏家較勁、切磋相關知識和技能的過程中，這些學
者也可獲得一定的地位。

在胡克的一生中，他熱中於和別人分享發現新事物的快感，
並鼓勵許多植物學家和他通信。為了追求科學真理，他跨越了嚴
格的社會鴻溝，許多被他提到的蒐集者都是勞工階層的工匠，往
往投身於研究像他們自身一樣被社會所忽略的微小植物，例如苔
蘚和地衣。這些滿懷熱忱的植物達人仔細搜查他們居住的地區，
尋找不尋常的植物，然後在無法確認某種特定標本時，謙恭地諮
詢胡克的意見。威廉‧班特利（William Bentley），曼徹斯特附近
羅伊頓（Royton）的一個鐵匠，戰戰兢兢地這麼寫道：「懷著微
渺的信心，我藉這封信試圖接近您……在植物學的浩瀚領域中，
我們這些微不足道的工人們沒有任何人可以追隨，〔所以〕我們
把您當作是科學上的父親，必會將所有的困難都擺到您面前。」

胡克的通信網遠遠延伸到故鄉之外。一些熱心的博物學家從
澳洲附近的範迪門地（Van Diemen's Land，現在的塔斯馬尼亞）
寫信給他，當時此地已被英國殖民，並在一八○三年成立流放殖

民地。在十九世紀的最初幾十年，島上鬱鬱蔥蔥的溫帶雨林出產了豐富的新植物標本。流放罪犯管理員暨多產的植物採集者羅納德‧坎貝爾‧昆恩（Ronald Campbell Gunn），在一封寫於一八三八年四月二十一日、寄給胡克的信上，坦承自己在辨別及命名植物上的困難：

> 我現在越來越急著想要認識那些常見植物之外、新的或尚未被描述過的植物──它將使我在採集植物時知所取捨，而且有很多屬別我甚至還不熟悉。巴克豪斯〔詹姆斯‧巴克豪斯（James Backhouse），一位曾拜訪澳大利亞罪犯殖民地的博物學家〕常說「就算幫植物取錯名字也好過沒有名字」，但我並不傾向於遵循這個原則，因為我覺得一旦幫植物取了錯誤的名字，這些名字往往會執拗地流傳下去──而沒有名字的植物們，早已準備好要被正確地命名。

一八三二年到一八六〇年之間，昆恩寄給了胡克數百個標本，要求交換能幫助自己增進知識的參考書：「你寄來的各種領域的書總是不會錯的──植物醫學，以及等等之類的。我所擁有的植物學知識，讓我對後者那類書甚有興趣。」

多年來，隨著胡克的忠實通信者寄來成箱成箱的標本，他的植物標本館不斷壯大。一八五三年，這批收藏隨著胡克從「西園」搬進了「獵人之家（Hunter House）」，這是泰晤士河畔的一幢獨棟房屋，以前是漢諾威國王的舊居。一八六五年胡克去世後，政府以一千英鎊的代價買下了他私人的植物標本收藏，併入

皇家植物園的收藏當中。一八七七年，「獵人之家」加建新的側翼以容納這些收藏，但空間仍然是個問題；正如一八九九年，皇家植物園園長威廉・西塞爾頓・戴爾（William Thiselton-Dyer）對工程處（Office of Works）所解釋的：「我無法控制皇家植物園標本館的擴張，因為我無法控制帝國的擴張。新領域的科學研

38　究，是隨著帝國版圖擴張而增長的。」一九○二年至一九六八年間「獵人之家」已經又增建了三翼，並在一九八八年進一步擴建為方庭（quadrangle）。

　　二○○七年，隨著標本仍以每年三萬五千件到五萬件的速度持續湧入，皇家植物園委託愛德華・考利南建築師事務所（Edward Cullinan Architects）興建一座占地五千平方公尺、附有氣候控制系統的新建築，以容納圖書館和部分的標本館。此設計旨在防範洪水和蟲害，在未來五十年內應可為植物標本們提供足夠的收藏空間。

　　如今，植物園有著嚴格規範，規定新來的標本該如何從新大樓兼具木質與玻璃結構的弧形大廳，抵達標本館龐大植物檔案系統中的正確位置。一開始它們被儲存在特製的黑色架上，所有內含植物材料的包裹都從大廳右轉，通過雙層門進入皇家植物園的「污染區」。在這裡，有三天時間它們被冷凍在攝氏零下四十度低溫的大型步入式冷凍庫中，以殺死任何能啃食植物的害蟲，像是窄斑皮蠹（*Trogoderma angustum*）這種甲蟲和它們的卵。之後，這些標本才能被帶進相鄰的標本管理組（Collections Management Unit, CMU）內打開。新進的每一個樣本都會被標上一個獨特的號碼，以此追蹤樣本在標本館內的行進路徑。彩色標籤標記了這

皇家植物園的植物標本館裡，
工作人員正在檢查並鑑定初來乍到的植物標本

些包裹是剛被歸還，亦或即將出借的標本；是等待寄出的禮物，還是需要進行鑑定並收藏於標本館中的新樣本。

　　初來乍到的標本可能要花上長達一年的時間，才能正確地在標本館中歸檔；但即便被歸入某個特定的檔案夾，它們也可能不會在裡面待太久。隨著植物親緣關係的新資訊出現，標本在標本館中的位置也會隨著這些研究結果而更動。特別是 DNA 技術的最新進展，促成了標本館中的某些重大改組。一八六九年，標本館內的標本是根據威廉・胡克的兒子約瑟夫和植物學家喬治・邊沁所設計的分類系統來擺放。這個系統反映了當時對植物演化關係的觀點，比起林奈時代已有相當大的改變。近年來，歸功於分子特徵和 DNA 基因定序（**參見第二十一章**）的研究，我們對植

39

物親緣關係的知識也有了顯著的增長。

　　目前標本館的標本排放方式，根據的是一套新系統 APG III（APG 代表被子植物系統發育小組，這是一個植物學家的非正式網路，在一九九〇年代中期形成，目的是使用 DNA 定序的結果，來產生被子植物或開花植物科別分類的新系統）。這種改變產生了一些令人吃驚的新關係。例如，當標本館檢查並鑑定生長在亞洲熱帶地區的新進植物標本時，發現大王花（*Rafflesia*）——它所開的花是世界所有植物當中最大的，直徑可達一公尺，聞起來像是腐爛的肉——和聖誕紅（*Euphorbia pulcherrima*）有親緣關係，然而聖誕紅卻是世界上花朵最小的植物之一。紅色的「花瓣」，實際上是圍繞著花的苞片。

　　只要繞著標本館走一圈，就可以清楚看見標本館多年來朝有機模式發展及轉變的成果。在這棟有著落地窗的新大樓內，現代分類學家所採用的高科技工具和技術均能採行。同時，標本館最古老的側翼，仍有著華麗的紅色螺旋梯、挑高天花板和實木嵌鑲地板，讓人想起大英帝國時期、那段世界上大部分植物群都還不為人知的時光。

　　個別的植物標本，同樣反映了皇家植物園的悠久歷史。在標本館的某個檔案夾中有著多年生禾本科植物小舌早熟禾（*Poa ligularis*）的三株乾燥稻莖，其中至少有一株是一八三一年至三六年間達爾文隨小獵犬號遠航巴塔哥尼亞（Patagonia）時採集的。這些植物玉米色的糾結葉片牢牢地黏在臺紙上，莖的上端有著完整稻穗。達爾文在這張標本上手寫了註釋，標記採集位置：「巴塔哥尼亞海岸，布蘭卡港（Bahia Blanca），一八三二年十月初，

C. Darwin。」這份標本貼在威廉・胡克標本館的招牌藍色臺紙上，上面印有「一八六七年胡克植物標本館（Herbarium Hookerianum）」，那是這些標本正式納入標本館館藏的時間。

後來加註上去的還有皇家植物園的條碼，這顯示此標本已被數位化，以便植物學家從全世界任何角落連線查詢。如同標本館助理館長比爾・貝克（Bill Baker）所解釋的：「達爾文的原始標本還是非常有用的；你仍然可以剝離下一朵小花並將其煮沸〔補充水分以供查驗〕。重要的是，不要把這些乾燥植物僅僅視為是歷史文物。這是皇家植物園三十五萬份『模式標本』〔描述新物種時所依據的原始標本〕中的一份。『模式標本』永久地模式化、並固定了物種的名稱。雖然在科學上不一定重要，模式標本卻是我們用來組織並管理植物命名的方法。」

出於對秩序和層級結構的熱愛，維多利亞時代的人們在一百五十年前開始建立皇家植物園的標本館。對他們來說，世界是透過一個神聖系統，來區分為貴族、商人與勞工階級；大英帝國及其殖民地；基督徒及異教徒。他們認為植物也有著相同的秩序，而植物標本館被視為是這種層級結構的具體表現。

隨著這些年新樣本不斷加入，標本館已經發展到遠超過那些精心歸檔的部分。它的組織師法植物的親緣關係，讓植物學家得以歸納出植物間的關聯性；也只有在此處才能被發現的關聯性。舉個例子來說，一九八〇年代末期，科學家們正在尋找用來治療愛滋病的新型抗病毒藥物。他們在栗豆樹（*Castanospermum australe*，別名澳洲栗）中發現了一種很有希望的化學物質；這是一種澳洲東部特有的樹木，但是族群相當稀少。當科學家向皇家

皇家植物園的標本館內部有七百五十萬份乾燥植物標本

植物園詢問這種樹有沒有哪個近親，可能拿來生產相同或類似的藥物時，植物園的分類學家指出有一種更容易取得的南美洲物種，其含有完全相同的化學物質。如果沒有標本館的資源，很可能根本不會有人想到要往南美洲去找。

在面對全球氣候變遷時，標本館也非常有用，因為每個樣本上都有一些關於植物本身和採集地點的植物學資訊。在現代標本中，這些資訊包括了用全球定位系統收集來的、高度準確的位置數據。隨著氣候變化影響植物的生命週期，這組數據對於辨別植物棲地分布的變化來說非常寶貴。正如貝克所解釋的：「最關鍵的一點是，標本館記錄了哪些植物曾經出現在哪裡，讓我們得以看出它們的分布是否隨時間發生變化，或因棲地的破壞而縮小。

如此，我們得以量化物種面臨滅絕的危險性。」

回到那個試著將標本歸入不同科別的會議裡，潮濕熱帶團隊（非洲）的負責人馬丁・齊克（Martin Cheek）有條不紊地工作，試著辨別一株莖部有卷鬚纏繞的乾燥標本。這項特徵顯示，此植物只可能來自下列三科：葫蘆科（瓜類）、葡萄科，或是西番蓮科。查看卷鬚所在位置的細節及果實後，他判斷這株植物應該屬於葫蘆科。這種耗時的工作需要相當多的經驗，是保育非洲多樣植物相的關鍵。一九九五至二〇〇三年間，在鄰近的喀麥隆所進行的類似採集取得了兩千四百四十種植物，其中有十分之一對科學界來說是新種。

這些標本，加上館內那些可以追溯到胡克時代的標本，讓皇家植物園的科學家們得以辨識下述物種：根據國際自然保護聯盟（International Union for Conservation of Nature）所制定的評估標準，在這兩千四百四十種的植物當中，有八百一十五種是「受威脅物種」。皇家植物園的地圖顯示，含有高密度瀕危物種的區域與現有的國家公園區域並不相符，因為原本的國家公園不是為植物，而是為了動物所設立的。因此，喀麥隆政府另外成立了占地二萬九千三百二十公頃的巴克斯國家公園（Bakossi National Park），以保護這個新發現的生物多樣性熱點。正如齊克所解釋的：「在我們開始這些工作之前，喀麥隆的這個地區根本不在任何保育地圖上；但到我們完成工作的時候，這個區域已經成為熱帶非洲地區公認數一數二的植物多樣性中心。」

誕生於維多利亞時期蒐集熱潮的皇家植物園標本館，如今已成為保育世界植物相的一項重要工具。

第 4 章

大地染上了晚疫病

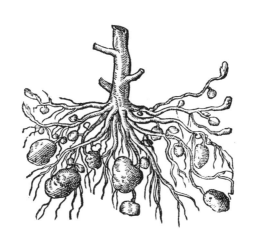

BLIGHT ON THE LANDSCAPE

愛爾蘭農家女守著家裡最後的幾樣財產，一八八六年畫作

十九世紀上半葉，愛爾蘭的人口增加了幾乎一倍，從一八 47
○○年的四百五十萬人增加到一八四五年的八百萬餘人。
能夠餵飽這麼龐大的人口，主要是因為愛爾蘭的農民採用了馬鈴
薯做為主要作物。這種植物原產於南美洲，最早在十六世紀由西
班牙征服者傳入歐洲，從此就廣泛地傳布開來。這不起眼的塊莖
能提供蛋白質、碳水化合物、維生素和礦物質，讓人們不需太多
其他食物就能存活，許多貧困的愛爾蘭農民就是這麼過日子的。
然而，完全只靠馬鈴薯來維持生計，也導致了他們的覆滅。

　　一八四五年初夏，在陽光明媚的天氣下，愛爾蘭的馬鈴薯顯
得欣欣向榮。然而，當陽光變成了綿延無盡的雨天，馬鈴薯開始
在潮濕的田畦中腐爛。首先，黑色或褐色的病斑出現在葉片頂
端；接著，白色的黴暈出現在葉片下方。葉片很快就枯萎成一團
腥臭，而後馬鈴薯也跟著遭殃，腐爛在田裡或店裡。這種疾病感
染了該國百分之四十的作物。無助的愛爾蘭農民，眼睜睜地看著
它於次年再度來襲——這一次發生在產季稍早的時候。雖然愛爾 48
蘭人已有種植一些穀類作物，但這些作物卻是要拿來支付給英格
蘭地主的租金。由於沒有食物能夠供百姓們食用，使得超過一百

萬人活活餓死，另外有一百萬人被逼得不得不向外移民。

英國小說家安東尼・特洛勒普（Anthony Trollope）那時才三十多歲，在他的小說《里奇蒙城堡》（*Castle Richmond*）裡總結了這種恐怖的現象：

> 一八四六年至一八四七年冬季，身在愛爾蘭南部的那些人，將無法輕易忘記那段時間的痛苦。從許多許多年之前開始直至那時，國內有越來越多人食用馬鈴薯，而且只靠馬鈴薯維生；現在馬鈴薯突然辜負了他們，八百萬人中的大多數落得沒有食物可吃。破壞馬鈴薯是上帝的作為；將這種一時間壓垮這個不幸國家的痛苦歸因於上帝之怒，是很自然的——祂為那個罪惡國度所犯的各式過錯感到非常震怒。然而我自己，卻不相信上帝會這樣發洩祂的怒氣。

我們現在已經知道，這種病是由一種水生黴菌——馬鈴薯晚疫黴（*Phytophthora infestans*）所引起，而不是上帝旨意造成的。水生黴菌和真菌很像，可能是寄生（由活體組織中攝取養分），也可能是腐生（由死亡組織中攝取養分）。對馬鈴薯晚疫黴最早的描述，來自一八四五年一位拿破崙軍隊中的法國醫生卡米爾・蒙塔涅（Camille Montagne）。他向英國牧師暨真菌權威邁爾斯・約瑟夫・柏克里（Miles Joseph Berkeley）分享了他的發現。柏克里是第一位體認到此生物體（他認為是一種真菌）是晚疫病病因的科學家。一八四六年，他在倫敦園藝學會期刊中寫道：「作物的腐壞是黴菌存在的結果，而不是作物腐壞後才造成發黴。這類病菌

不是要攝食已腐爛或腐敗中的物體，而是它引起了物體的腐壞——這是最重要的一項事實。」

今日，柏克里收藏的大批真菌標本奠定了皇家植物園真菌標本館的基礎。這許多個綠色箱子內，分別存有約一百二十五萬件標本，其中有些正是寄自蒙塔涅、被柏克里用於馬鈴薯晚疫病研究中的原始標本。在一件貼有三片因感染晚疫病而變得斑駁的乾燥馬鈴薯葉片標本上，有柏克里在顯微鏡下觀察這些黴菌後、以鉛筆詳細描繪出的觀察結果，試圖釐清它與疾病之間的關係。（這些圖片後來被刊登在柏克里發表於一八四六年的文章當中。）

皇家植物園的真菌學主任布林‧丹庭爾（Bryn Dentinger）解釋：

> 大部分的水生黴菌在〔看不見的〕營養生長階段會長出菌絲。在最佳條件下，例如高濕度的溫暖氣候，它們會利用能在水裡活動的孢子進行無性繁殖，迅速增加其數量，以得到其他生物體所沒有的優勢。
>
> 但這種狀況在馬鈴薯晚疫黴中很罕見。如果有合適的對象存在，那麼到某個時候，它們就會進入有性生殖期。這通常發生在條件不再有利於生長的時候：氣候變冷、食物來源斷絕、環境變得乾燥等等。在這種情況下，它們會產生厚壁、深色、可以在土壤中存活好幾年的休眠孢子，等待土壤條件再次變得對它的生長有利。到那時，孢子會萌芽，產生一條管狀菌絲，開始製造更

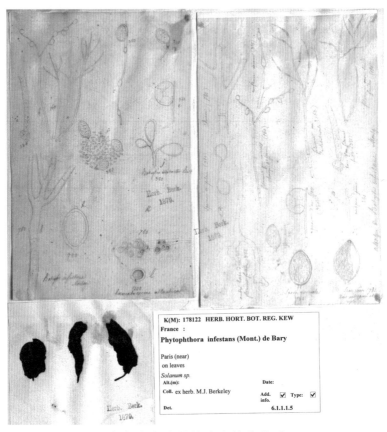

K(M): 178122 HERB. HORT. BOT. REG. KEW
France :
Phytophthora infestans (Mont.) de Bary

Paris (near)
on leaves
Solanum sp.
Alt.(m):   Date:
Coll. ex herb. M.J. Berkeley   Add. ☑ Type: ☑
                                             info.
Det.   6.1.1.1.5

罹患晚疫病的馬鈴薯的枯萎葉子，
以及由柏克里所繪的馬鈴薯晚疫黴原稿

多孢子或向外分支，逐漸長成一團糾結交織的絲狀結
構。

經由在顯微鏡下檢查「菌類」的形態，柏克里得以歸納出結
論：罪魁禍首是馬鈴薯晚疫病。然而，不是每個人都同意他的看
法。曾拯救英國皇家植物園的倫敦大學學院植物學教授約翰‧林
德利深信，這只是潮濕所造成的腐壞，之後腐壞的作物才引起真
菌繁殖，而不是柏克里所提的相反情況。他們倆在《園藝紀事》
（Gardeners' Chronicle）刊物中有過熱烈的爭論。

終於，在一八六一年，德國外科醫生暨真菌學家安圖‧狄百
瑞（Anton de Bary）證明柏克里是對的。狄百瑞在有利於晚疫病
的涼爽潮濕環境下，種植馬鈴薯植株。他將自患病馬鈴薯上收集
來的白色孢子囊（裡面含有孢子）塗抹在某些植物上，而其他
「控制組」的植物則不接觸真菌。儘管環境一樣潮濕，卻只有狄
百瑞以病原體塗抹、感染的植物死於晚疫病。很明顯地，和林德
利及他的擁護者們所設想的不同，植物並不是因為吸收太多水分
才腐爛的。

如今，狄百瑞被認為是植物病理學的開國元勳。「他帶給真
菌學領域的，是前所未有、對了解生物體發育方式的狂熱，」丹
庭爾解釋，「正是他這種細緻繁複、對生命週期與構成生命週期
生物體結構的研究方式，讓他得以取信眾人，向全世界倡議：馬
鈴薯上的致病真菌是馬鈴薯晚疫病的成因。」

解決這個根本問題有著重大意義。科學家們注意到，被污染
的食物、飲水以及未經消毒的醫療器械，可能有助於傳染病的散

布——這推動了植物、人類與動物疾病研究的進展。這樣的認知，促使科學家放棄疾病是「自然發生」的想法，鼓勵他們轉而信奉由路易・巴斯德（Louis Pasteur）於一八六三年率先提出的「菌原論」，相信某些疾病是由微生物所引起的。雖然到那時為止，人們已經觀察了致病生物體有兩百年之久，但在此之前，他們卻認為這些生物是由疾病所造成，而不是疾病的成因。從馬鈴薯饑荒的悲劇中，滋長出看待自然界的新觀點。疾病不再是黑暗神祕的力量，而是一種生物活動——入侵植物、造成植物腐敗的微小寄生生物。

52

　　然而，這些答案也製造了新的問題。當時，科學家們還不知道這些在愛爾蘭馬鈴薯作物中掀起軒然大波、微小卻致命的孢子，到底是什麼。他們不知道真菌該算是植物，還是動物；也不知道當真菌不形成子實體時，消失去哪裡了；而且，真菌的繁殖方式仍然是個未解之謎。十九世紀晚期，試圖探討真菌各種不同作用的其中一位，是如今以她的兒童繪本而更為人知的科學家——碧雅翠絲・波特（Beatrix Potter）。她繪製的真菌圖片非常詳細準確，而且她還涉足專業的真菌學領域。例如，她不僅會畫出子實體，也會畫出真菌生命週期中、於不同階段出現的所有形態。她也試著培養孢子發芽，並繪出了英國第一個關於單純銀耳（*Tremella simplex*）的紀錄。

　　細緻地觀察真菌及其習性的結果，使波特開始對地衣深深著迷。對十九世紀的科學家來說，這些居住在地球上某些最極端環境裡的生物，仍是個謎。瑞士科學家西蒙・施文德納（Simon Schwendener）擁護狄百瑞率先提出的想法，認為地衣是由真菌

和藻類兩種不同的生物所構成，彼此維持一種寄生關係。在波特親身觀察後，她也開始相信施文德納是正確的。然而，和那時大多數科學界的女性一樣，她發現要讓學界認真看待她的看法是非常困難的。吉姆・恩德斯比繼續這麼講述這個故事：「一八七四年，英國博物學家詹姆斯・克榮比（James Crombie）曾譏諷，這整個關於地衣的想法就像是『被俘虜的藻類少女』和『暴君真菌主人』間不自然的結合一樣。事實是，碧雅翠絲・波特這個名字已經和這古怪的理論畫上等號，這讓學界無法公平評判她的主張。」

　　波特熱忱地試圖找出地衣的真相。她在自家廚房裡培養藻類細胞和真菌孢子，觀察這兩個合作夥伴如何結合在一起，形成單一的有機體。要發表這類研究結果的最佳場所是林奈學會，但當時林奈學會並不接納女性會員。一八九七年，當她的研究終於能在林奈學會中發表時，卻必須由皇家植物園的真菌學家喬治・馬西（George Massee）來代替她宣讀。在她的私人日記中，波特表現出對這位代言人的不屑：「我認為，在經過幾個階段的發育後，他自己也長成一株真菌了。」這篇經同儕審查的論文仍需進一步的修改，但波特從來沒將它完成。顯然，在這次經驗後，波特已對科學界感到幻滅，故轉而致力於兒童書寫，繪出她的幻想世界。

　　有關真菌與植物間可能有某種關聯的主張，亞伯特・伯恩哈德・法蘭克（Albert Bernhard Frank）的研究進一步提升了這項主張的可信度。法蘭克在一八八一年接受德國政府的委託，企圖尋找一種能夠增加松露這種珍貴食用菌類收穫量的方法；雖然沒有

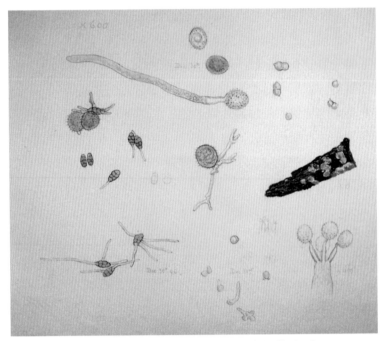

碧雅翠絲・波特於一八九六年所繪的珠絲盤革菌（*Aleurodiscus amorphus*）真菌和其他三種真菌的孢子，其中包括了單純銀耳

成功，但他卻指出，松露生長處的橡樹和山毛櫸樹根部，總是覆滿了真菌。他觀察到，真菌並未造成樹木損害；相反地，被真菌覆蓋的樹木長得非常健康茂盛。法蘭克發表了一篇論文，當中提出一項理論：植物和真菌的這層關係，應該是互惠互利的。在這篇文章中，他創造了菌根（mycorrhiza）這個詞，意思就是「真菌的根」。我們現在已經知道，菌根真菌會與植物形成互利共生的關係；覆蓋植物的根系會將極細的菌絲伸入土壤之中，做為根系的延伸。

「真菌的數量繁多，但植物根系的數量有限，因而導致了極大規模的拓殖現象。」倫敦帝國學院生物學資深講師、皇家植物園名譽副研究員馬汀・百達棠都（Martin Bidartondo）研究這些不凡真菌的生態和生命週期，他表示：「大多數根系都有菌根真菌生長其中，它們能從植物體向外生長，並產生更多的孢子。它們可能產出蘑菇（這是我們都很熟悉的狀況），或變成松露，或只是將更多的孢子送入土中。它們利用這種方式重新啟動生命週期，並探索外面環境，以找尋新的植物。真菌以不同方式影響著不同植物的生長。生物學家對這之中的多樣性非常感興趣——無論是對植物的反應，還是生態系統中的物種數目均是。其間的多樣性將會如何發生，菌根似乎有著相當大的影響力。」

在真菌學的領域裡，還有許多東西尚待研究。近來對土壤中所含 DNA 的研究分析顯示，全世界可能有五百至六百萬種真菌，但目前我們詳細了解的物種卻只占不到百分之五。基因定序幫助我們填補了知識不足的部分，特別是其革新了真菌的分類方式。原先，真菌和植物一樣，最初都是靠著對形態特徵的觀察來分類，所以那些形態相似的真菌會被認為彼此相關；但我們現在知道，很多這些假設的親緣關係是錯誤的。比方說，並不是所有的藻類都從同一個祖先演化而來。

也正是基因定序，在一九九〇年代幫助真菌學家們確認：馬鈴薯晚疫黴是不等鞭毛門（stramenopile，一群包括水生黴菌和海帶的藻類）的一員，而不是真正的真菌。新的技術讓真菌學家得以研究晚疫黴的完整基因組，將歷史標本與現代標本相互比較，並看出根本差異。這帶來了一些令人吃驚的結果。如同丹庭爾所

說的：「有很長一段時間我們認為，造成十九世紀的馬鈴薯晚疫病、在愛爾蘭和其他地方帶來浩劫的那種生物體，與今日在田間造成馬鈴薯晚疫病的菌株相同或相似。然而，基因組比較的結果顯示，那是一株只存在了約五十年之久的特殊菌株。」

第 5 章

粗分與細分

LUMPING AND SPLITTING

CURTIS'S
BOTANICAL MAGAZINE,

COMPRISING THE

𝔓𝔩𝔞𝔫𝔱𝔰 𝔬𝔣 𝔱𝔥𝔢 𝔯𝔬𝔶𝔞𝔩 𝔊𝔞𝔯𝔡𝔢𝔫𝔰 𝔬𝔣 𝔎𝔢𝔴

AND

OF OTHER BOTANICAL ESTABLISHMENTS IN GREAT BRITAIN;
WITH SUITABLE DESCRIPTIONS;

BY

JOSEPH DALTON HOOKER, M.D., F.R.S. L.S. & G.S.,

D.C.L. OXON., LL.D. CANTAB., CORRESPONDENT OF THE INSTITUTE OF FRANCE.

VOL. XXII.
OF THE THIRD SERIES;
(*Or Vol. XCII. of the Whole Work.*)

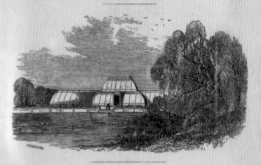

"In order, eastern flowers large,
Some drooping low their crimson bells
Half closed, and others studded wide
With disks and tiars, fed the time
With odour."
Tennyson.

LONDON:
L. REEVE & CO., 5, HENRIETTA STREET, COVENT GARDEN.
1866.

世界上最早發行的彩色插圖期刊，至今仍由皇家植物園持續出版
中的《柯帝士植物學雜誌》（*Curtis's Botanical Magazine*）

在皇家植物園植物標本館裡，東南亞團隊每週例行的「分類　59
會議」正進行到一半，會議目的是辨認所收到的標本，並
就每件樣本所屬的科進行討論，做為學習論壇。團隊今天討論的
植物來自巴布亞紐幾內亞（Papua New Guinea）。這些還包裹在
《雪梨晨鋒報》（*Sydney Morning Herald*）及其他澳洲報紙中的標
本，寄自哈佛大學標本館。它們除了和植物園一起分享這批植物
寶藏，也想請園方幫忙確認標本的分類。

　　這個團隊由皇家植物園其中一位分類學專家提姆・阿特瑞吉
（Tim Utteridge）所領軍，負責解決植物的辨識問題、追蹤熟悉
物種的生長區域，有時也負責辨別新物種。他一面解釋，一面拿
起一株稀有植物標本：「以前幾乎沒有人記錄過這種植物。這種
植物成熟時會裂開，裡頭果肉般的白色棉花糖內藏有上百顆種
子。我們猜想，這是不是一個新的物種。」科學家們來來回回地
討論、爭辯這些問題。

　　發現新物種，是皇家植物園科學工作中不可或缺的一部分。
這也是個巨大的責任，還往往是項後勤運籌上的挑戰。豆科植物
團隊負責人格威利姆・路易士（Gwilym Lewis）解釋：「我第一

60 次遠征婆羅洲（Borneo）是在一九八〇年代的時候。那時我被訓練得不錯，雖然整個人脖子以下通通都泡在沼澤裡頭，眼鏡一直從鼻子上滑下去，汗如雨下，還被蚊子叮得半死，但我還是理解到：我手中的植物對科學界來說，確實是新物種。知道這是科學上的新物種，而且它還沒有學名，讓我感到非常興奮。這肯定是過去這三十年來支撐我繼續工作的動力。」

「從科學的脈絡來說，名字，是我們的工作中極度不可或缺的一部分。」此話來自皇家植物園僑佐爾實驗室（Jodrell Laboratory）主任馬克·柴斯（Mark Chase）；該實驗室的名稱是用來紀念菲利浦·僑佐爾（T. J. Phillips Jodrell），他在一八七七年出資興建了實驗室的第一棟建築。柴斯解釋，會這樣說是因為，至今在生物學上仍然存在著一個最大的問題：什麼是物種？我們如何知道物種與物種間的界限在哪裡？

到了十九世紀中葉，辨別並分類植物已被認為要比僅僅列表記錄來得更加重要。但在植物辨識之外，還有更嚴重的問題：物種的命名有著巨大爭議。學界激烈爭辯物種到底是怎麼形成的。進化或「物種嬗變」的概念，被認為太具爭議、太過激進、完全不合理——充其量只是個新興工人階級意圖掀起社會革命的理論，不適合英格蘭的上流階級去鑽研深究。但有少數人不這麼想。在小獵犬號於一八三一年至三六年間環繞世界的漫長航程中，查爾斯·達爾文越來越覺得物種應該有能力演化，並且也曾經演化過。為了證明演化曾經發生過，他必須證明物種的確會隨著時間從某一種緩緩嬗變成另外一種。要做到這點，他需要得到在科學界最親密的朋友——約瑟夫·胡克的幫助。

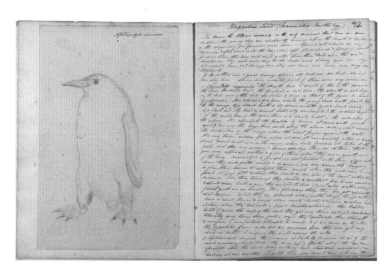

約瑟夫‧胡克的《南極日誌》(*Antarctic Journal*) 內頁，
寫於一八三九年五月至一八四三年三月間

　　約瑟夫出生於一八一七年，是皇家植物園首任館長威廉‧傑
克遜‧胡克〔**相關敘述請見第三章**〕的么兒。約瑟夫的童年都花
在熱切聆聽父親的植物學講座、和父親一起研究植物學上頭。他
渴望旅行，後來這麼回憶：「當我還是孩子的時候，我就很喜歡　61
庫克船長的航程和遊記；我最喜歡的就是坐在爺爺的膝上看圖
片⋯⋯最讓我神往的一幅，是凱爾蓋朗群島（Kerguelen Land）
的聖誕節港（Christmas Harbour），畫中有突出海面的拱形岩石，
水手們正在宰殺企鵝；我想，如果我也能看到那美妙的拱形岩
石，並能從企鵝的頭上敲下去，我應該就會是世界上最幸福的小
孩了。」

　　終於，在一八三九年，年僅二十二歲的約瑟夫・胡克接受了英國皇家海軍埃勒布斯號（HM Erebus）上的一份醫療職務，在羅斯船長麾下航往南冰洋。胡克希望能效法傑出的達爾文，採集標本從事研究，且回到英國後能對外發表。他也結識了許多將來對他很重要的人物，像是在紐西蘭認識的傳教士暨印刷者威廉・科倫索（William Colenso），後來他與胡克共同討論紐西蘭島嶼群的植物相，成為胡克從事研究時最重要的通信者。

62

　　胡克帶回了許多有關自然史的想法，還包括大量的標本，以增添皇家植物園的館藏。他持續運用父親在世界各地植物愛好者間廣泛的聯繫對象，四處收集標本。而當胡克終於在身為園長的父親旗下得到一份工作時，這份工作提供他獨一無二的優勢特點：對整個地球的鳥瞰視野，讓他得以彙整出其他地面蒐集者無法清楚看見的模式。在這方面，皇家植物園的標本館——全英國最大、由父子聯手管理——是個關鍵。正如吉姆・恩德斯比所解釋的：「標本館讓胡克得以一目了然俯瞰地球。在這個標本館裡，秩序取代了自然界的混沌。」

　　胡克對地球表面的變化很感興趣，對物種的地理分布模式也很好奇：例如，植被隨著世界各地氣候改變的方式，以及不同地區植物相之間的類似與差異處。他受到普魯士博物學家亞歷山大・馮・洪堡（Alexander von Humboldt）的強烈影響。一七九九至一八〇四年間，洪堡和他的旅伴們帶著一系列精密科學儀器，在南美洲花了五年，決心描繪出隨著海拔高度變化的溫度；例如，他們企圖繪製史上最早顯示溫度分布範圍的地圖。

　　洪堡的地理技術立即吸引了胡克。他馬上了解到，這些技術

可以用來繪製清晰有用的地圖，並標記出不同棲地的物種變異。
胡克還有個更重要的目的：把植物學變得更加科學，將其轉為能
顯現真實、準確之因果關聯的知識領域，就像牛頓的物理學一 63
樣。在皇家植物園內，他給自己訂下目標：要打造並闡釋一組具
植物學權威的標本，以支持他自己的理論。達爾文明白地表現出
他對這個年輕人的信心，寫道：「我知道我會活著，直到看著你
變成這個重大題目在歐洲的第一權威；地理分布幾乎可說是創造
定律的基石。」今日，約瑟夫・胡克被視為是生物地理學的開拓
者之一；這個學門嘗試理解生物體地理分布背後的模式與過程。

　　胡克最重要的技能，是他分類植物的能力。和一開頭那些現
代分類學家為了物種鑑別而開會一樣，胡克非常擅長物種鑑定的
小細節，但也能同時看清植物多樣性的大格局，並創造出今日仍
繼續沿用、植物科別以上的分類架構。當新標本到來，他概念非
常清楚，知道要如何分類它們。然而，出人意料地，按他自己的
說法，最困擾他的問題卻是「博物學家」。

　　在他看來，博物學家對植物學所知甚少，卻又認為自己是專
家。對胡克來說，一份科學研究所能得到最大的恭維，便是此研
究合乎「哲學」；他的意思是，這份研究建構在完善嚴格的原則
之上。他曾經沮喪地報告：「在我們的學院內，植物學的研究漸
漸變得越來越不重要，並淪落到一群博物學家的手中，他們極少
考慮物種以外的問題，而且他們所謂的『吹毛求疵』，往往為植
物學研究帶來負面的評價。」

　　胡克這種所謂「吹毛求疵」的指控，在今日的分類學中仍然
可見。胡克本人是個「粗分學者」，傾向於盡可能廣泛定義物

種，且在每個物種當中納入大規模的變異。與粗分學者相反的是「細分學者」，他們會將特徵上具有微細變異的個體區分開來，劃為全新的不同物種。胡克自認是「粗分」陣營的成員，並對那些偏遠殖民角落的植物學家們感到無比憤慨，覺得他們寄來皇家植物園的「新物種」，明明在其他地區也有。他曾經寫下這麼一句話，來挖苦（並讚許）他的同事喬治・邊沁：「嗯，他也變成和我一樣棒的粗分學者了。」

在不斷擴張的大英帝國各地，成千上萬的博物學家傳教士、博物學家海軍醫師（以胡克的例子來說，甚至還有一位博物學家主教）都將他們發現的植物寄往皇家植物園。許多時候他們把這些植物命名為新物種，但在胡克看來，這些植物卻與其他植物沒有足夠的差異，得以被歸類為新種。對他來說，在一門已經如此費時的學科當中，浪費時間，是研究者所能犯下的最大罪狀。更糟糕的是，在他看來，這其中的許多來信者根本是為了能獲得命名新物種的榮耀，才鑑定新種的。

因此，胡克的野心是試圖從中心建立起某種秩序，運用皇家植物園的標本收藏，來判別所有其他競爭為新種的殖民地標本。但企圖將皇家植物園塑造為該領域的強力權威，也不是沒有反對的聲浪。例如，胡克在世界另一頭認識的博物學家宣教士威廉・科倫索就強烈地感覺到，他比胡克更有資格鑑別那些他所發現的紐西蘭植物標本。科倫索在這個第二家鄉孜孜矻矻地蒐集植物，最終貢獻了約六千件紐西蘭標本給皇家植物園標本館，也寄了不少毛利文物給植物園經濟植物博物館，例如上有毛利面部紋身的葫蘆。和他的毛利人鄰居頗為親密的科倫索，變得越來越偏心於

毛利人的祖國。他的植物學觀點很清楚：紐西蘭的植物相，遠比 65
胡克願意承認的要來得更豐富。以紐西蘭的蕨類植物為例，科倫
索聲稱長烏毛蕨（*Lomaria procera*）*實際上包含了十六個不同物
種，但胡克卻認為通通只是一個物種。

最終，胡克對科倫索的過度自信感到厭煩，在一八五四年氣
沖沖地寫信給科倫索：「你根本沒有標本館可供參考，卻把世界
上最為人熟知的某些蕨類植物給描述成新種。」然而科倫索沒有
放棄；他確信，在乾燥植物、黏貼到標本臺紙上、運送過大半個
世界的過程當中，標本失去了許多細微特徵。他對當地的知識非
常熱中，其中最感興趣的是別名紐西蘭麻的金邊劍麻（*Phormium
tenax*），一種被毛利人稱為 harakeke 的主要經濟作物，在當地社
會中有許多變種和數百種用途。對科倫索來說，這些植物的差異
性，明顯值得被當成個別的「種」來對待。但他說服不了胡克。

如果胡克接受了如科倫索等殖民地專家所提議的新物種，那
將會對植物園標本館造成巨大影響，其收藏的規模也將超出任何
可用建築物所能負荷；這也為約瑟夫・胡克的「粗分」論點提供
了一個純粹而實際的理由。吉姆・恩德斯比解釋：「胡克所做
的，是把來自紐西蘭的蕨類植物與來自南半球各地的相比較。他
能看出有種漸進順序，讓其中一種蕨類逐漸轉變成另外一種。所
以，若你把整個序列都看成一個整體，全部攤開在這個植物標本
館的地板上，就不會注意到任何劇烈的斷層。而若沒有劇烈的斷
層，那麼照胡克的意思，就不能歸類成一個新種。」

---

* 譯註：現在被重新歸類在烏毛蕨屬 *Blechnum* 下面。

66　　　因此，雖然科倫索辯稱他實地觀察過紐西蘭的植物，是最懂紐西蘭蕨類分類的人，但胡克仍然確信：定義一個物種唯一正確的方法，就是把標本拿來與其他各國、各種不同生長環境中所蒐集的樣本相互比較。用吉姆・恩德斯比的話來說：「在某種意義上，胡克和他所要研究的植物們相當疏離……但是，把它們作成乾燥壓平的標本後，他能以實地調查所辦不到的方式研究它們。」對胡克而言，只有從皇家植物園的中心觀點，才能公平地評斷這些相互競爭的新種宣言。有時，他會以一種近乎喜悅的心情來看待這種「粗分」工作的辛勞。「這是狂野又令人興奮的工作，」他這麼寫信給喬治・邊沁：「每天都有物種被毀滅。」

　　　達爾文曾希望胡克能為他的「大物種書」提供物種例證，這本書最後以《物種起源》（*On the Origin of Species by Means of Natural Selection*）之名出版。達爾文強烈懷疑天擇會作用於擁有許多不同變異的物種上，逐漸讓這些不同變種發展成多個新物種。然而，達爾文也強調了演化進展是如何地緩慢。胡克的結論是，要經過許多個人類世代，才能讓微小的變異演化成真正獨立的物種。

　　　雖然近年來，透過 DNA 分析已讓分類變得容易許多，但直至今日，皇家植物園的植物學家們卻依然在與胡克當年所遇到的問題角力。馬克・柴斯解釋了當今植物學界的觀點：「目前我們試圖做的，是為某種生物起個名字——一個差不多是固定的概念——然而這種生物事實上還在持續進行種化（speciation）。植物種類並不是固定不變的——它們不斷地演變，某些正經歷高多樣化的時期，而另一些則可能緩慢走向滅絕。但是，由這個時間

185
85

Oct 17ᵗʰ /79

DOWN,
BECKENHAM, KENT.
RAILWAY STATION
ORPINGTON. S.E.R.

My dear Hooker

I thank you heartily for your most kind congratulations about Horace; which rejoices us deeply.

I happened to know of the reference to the work on Helictis given in, I think, Oliver's hand-writing.

But I write now for the chance of your having any or all of the 3 kind of seeds, on next page:

I want much to see how the seedlings, which in 11 peculiar break through the ground. —

Ever yours

Ch. Darwin

一八七九年十月十七日，
約瑟夫・胡克寫給查爾斯・達爾文的信件，向他索取種子

點看來，我們必須有能力描述我們目前所見的植物多樣性。不同的人對於要在何處畫一條線區隔說『這是一個物種』，會有不同的觀點。」

68　　　直到今日，在分類學門當中還是有「粗分」和「細分」的傾向，兩種看法之間也仍然存在著嫌隙。然而對胡克來說，植物學要能被認真當作一門科學來對待，就必須奠基於建立一套國際公認的命名系統上，讓自然史能夠和化學、地質學一樣，被視為是嚴肅紮實的新學術領域。在最後，提姆・阿特瑞吉的團隊在分類會議中終於得出結論；他們手中白色棉花糖般的新發現，並不是科學上的新物種：「我們發現，它有許多特徵都和標本館中已有的標本重疊，所以我們決定只將此植物做為已有物種的新紀錄，來對外發表。」物種間的界線到底該怎麼劃分？關於這個永恆的大哉問，到目前為止，我們還沒能找到一個簡單而直接了當的答案。

第 6 章

馴養異國植物

TAMING THE EXOTIC

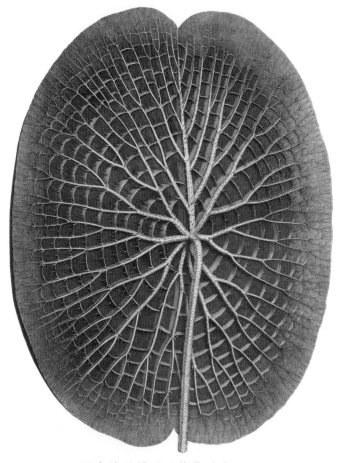

巨大的亞馬遜王蓮葉子背面，
威廉‧夏普（William Sharp）繪於一八五四年

在皇家植物園的威爾斯王妃溫室，高大的赫蕉叢後面靜佇著 71
一汪深潭，長有觸鬚的大魚繞著池子懶洋洋地悠遊。池中
央有五片緊貼水面的圓型葉子，顏色由淺綠到暗紅不等。從一月
份被種進池中開始，三個月後這些葉子已長到一點五英尺寬，但
看起來還沒什麼特別突出之處。然而再過不久，這株植物就會開
始吸引人群的注意力，因為這是亞馬遜王蓮（*Victoria amazonica*），
又稱維多利亞王蓮，睡蓮中的女王。再過一個月，當夏天來臨
時，它的葉子將會長到十英尺寬，也會綻放芬芳的花朵。

「一開始會先在晚上開出有鳳梨香氣的碩大白色花朵，」皇
家植物園科學收藏統籌專員拉芮・朱維特（Lara Jewitt）解釋道，
「它們也會升溫，邀請甲蟲前來授粉；接著花朵閉合，把甲蟲關
在裡面。授粉完成後的第二個晚上，花朵會再次綻放，但這次卻
是粉紅色的，鳳梨香氣也隨之消失；花朵的雄性部分在此時出
現。甲蟲沾染花粉後，就飛往下一朵花繼續授粉。」

一八三七年元旦，首先注意到植物界中這株龐然大物的歐 72
洲人之一，是出生於德國的測量師羅伯特・尚伯克（Robert

Schomburgk）。英國皇家地理學會（RGS）派遣他到新占領的殖民地英屬圭亞那，考察貫穿這個國度的水路交通。尚伯克沿著伯比斯河（river Berbice）前行時遭遇了困難，但就在此時，他發現遠方有個不尋常的物體，要求船員駛近一點。就這樣，他遇到了一個「植物奇蹟」，一朵比他以前所見過的任何睡蓮都還更大、更漂亮的蓮花：「一片巨大的葉片，直徑大概有五到六英尺，呈托盤狀，有極寬且上翹的葉緣，葉子上方是一片廣闊的淺綠，背面則是活潑的豔紅色，就這麼停佇於水面上。」更棒的是，這株植物正開著花。每一朵華麗的花都有數百片花瓣，顏色包括純白、玫瑰紅、淺粉紅。空氣中充滿著令人陶醉的香味。「所有的災難都被遺忘，」他這麼寫道：「我感覺自己〔**像**〕是個植物學家，也覺得自己得到了回報。」

由於小橡皮艇沒有空間裝下這麼龐大的植物標本，因此尚伯克只能採集一朵花苞和一片小一點的葉片，裝進充滿鹽水的大桶中。在繼續旅程之前，他也詳細繪下這株植物的其他部位，包括種子、嫩芽和葉柄（支撐葉片的桿）。他帶著這個大桶繼續旅行了三個月，才終於能夠將標本送上一艘滿載貨物的船隻，運回英國。一起寄出的還有其他八千件植物標本，以及鳥類皮毛、鱷魚頭骨、昆蟲、化石和岩石。尚伯克有個念頭，覺得這株植物應該要進貢給英國王位的繼承者——維多利亞公主，並請求以她的名字來命名此植物。當兩個月後，他的標本和資料終於送抵皇家地理學會時，這份貢品更加顯得恰當了；維多利亞已經即位女王，並成為地理學會的新任榮譽贊助人。對這朵被賦予眾望的英國玫瑰來說，以她的芳名來命名這朵花，是再合適也不過的禮讚。

　　尚伯克知道，他的新植物需要由一位植物學家加以命名，故　73
要求皇家地理學會將他發現的材料送往倫敦植物學會。然而，皇
家地理學會卻不太願意這麼做，擔心植物學家可能會搶走他們出
風頭的機會。因此他們把樣本及相關說明寄給約翰・林德利（不
久後他將會被要求撰寫關於皇家植物園的報告）。林德利同時是
皇家園藝學會助理祕書和倫敦大學學院植物學教授，因此非常勝
任這份工作；更重要的是，他也是皇家地理學會的創始成員之
一。他可以先為地理學會鑑別並命名這株植物，之後地理學會再
將這個新發現的細節寄給植物學會。因此，尚伯克的筆記和草
圖，還有正在腐敗中的睡蓮花苞，很快就送到了林德利的手中。

　　尚伯克認為他發現的是睡蓮屬（*Nymphaea*）下的一種睡蓮。
然而，當林德利把尚伯克對這株睡蓮的敘述與其他睡蓮屬植物相
比後，他確信這株植物並不屬於睡蓮屬。而它也不是另外一種生
長在東方的睡蓮、芡屬的成員。為此，林德利應該感到很慶幸，
因為芡屬的屬名 Euryale，是希臘神話中蛇髮女妖三姊妹中的老
二，有著鋒利的獠牙和蛇髮。要是以她的名字來命名芡屬這樣的
植物，女王肯定不太高興。林德利的最終預測是，該植物屬於一
個科學上迄今未知的新屬：「在我看來，要正確地描述此次發現
的物種，最好不要使用發現者所建議用來分辨此植物的名字：維
多利亞睡蓮（*Nymphaea victoria*），而是以女王陛下的名字做為該
屬的屬名。因此，我建議將其命名為維多利亞女王蓮（*Victoria
regia*）。」這是個很好的選擇，也得到了女王的首肯。

　　當倫敦植物學會會長約翰・愛德華・格雷（John Edward　74
Gray）終於收到詳細介紹這項發現的論文時，他並不知道地理學

會已請求林德利鑑別這株植物，於是就自己出馬進行分類，將這株植物命名為 *Victoria regina*，與林德利的命名拼字稍有差異。在此同時有消息傳來，指稱德國植物學家愛德華‧波佩其（Eduard Poeppig）曾在一八三二年描述過一種非常類似、生長於南美洲的植物，波佩其把它命名為亞馬遜芡實（*Euryale amazonica*）。到底哪個名字才正確，這樣的討論持續了一段時間；但直到二十世紀被改名為亞馬遜王蓮（*Victoria amazonica*）之前，最被廣泛使用的，是林德利版本的命名。當時植物學界的專家們更關心的，是想弄來一些種子，好種出一株活生生的樣本。一八三七年，為《園丁雜誌暨田園家居改造誌》（*Gardener's Magazine and Register of Rural and Domestic Improvement*）撰文的蘇格蘭植物學家暨園藝設計師約翰‧克勞迪斯‧勞登（John Claudius Loudon），為這股熱情發聲：「我們希望能盡速引進這種瑰麗的植物，皇家植物園內也能準備好與女皇陛下身分相襯的水生池及先進園藝科學，以迎接此植物的到來。」

十九世紀初期，興建玻璃溫室來培育生長中的植物，是一個新興的領域。建於十八世紀、用來展示異國植物的「橘園」（orangery），通常有面實心的北牆和朝南的木製窗戶。然而，工業革命帶來了新的可能性；如今生產鍛鐵變得更便宜，能提供比木頭更堅固、更有韌性的材料來製造窗櫺，所以能蓋出一座四面都能裝上玻璃的金屬框架。做為玻璃溫室設計的先驅，勞登設計出一種彎彎曲曲的「稜溝式」屋頂，能讓最多光線照入溫室內；而後又在一八一六年，為一種即使彎曲也無損其強度的彈性鍛鐵窗櫺申請專利。隨著這些新材料和發明被實際應用，弧形屋頂和

德比郡查茨沃斯的「鉅型溫室」（Great Conservatory），
由約瑟夫‧帕克斯頓所設計

玻璃穹頂如雨後春筍般開始出現。短短四年內，倫敦專門培育異 75
國植物的著名苗圃、康拉德‧羅狄吉斯父子公司（Messrs Conrad
Loddiges and Sons），便擁有了一座長八十英尺、寬六十英尺、高
四十英尺、國內最大的溫室，並以此自豪。

　　一八二三年，正當玻璃溫室開始成為富裕地主們必備的園藝
配件，年輕而雄心勃勃的約瑟夫‧帕克斯頓（Joseph Paxton）得
到了德文郡公爵治下、查茨沃斯莊園（Chatsworth）主任園丁的
工作，這是位於德比郡的一所豪宅。在修復了長期被忽視的花園
裝飾品，並改善了園圃布局之後，帕克斯頓開始嘗試在玻璃溫室
內種植蔬菜水果，改進莊園內現有的玻璃結構，並開始建築新溫
室。然後，他著手重塑勞登的稜溝式屋頂結構。他的改良確保了 76

陽光在早晨和傍晚都能垂直地照在玻璃上，好讓最多光線通過玻璃屋頂；同時，當正午烈日照射在屋頂上時，陽光則因打在傾斜的角度上，而變得比較溫和。這代表了溫室設計的革新。

　　一八三五年，帕克斯頓利用他之前在玻璃溫室工作中開發的知識技術，著手進行雄心勃勃的「大溫室」計畫，預計容納來自世界各地的巨型嬌弱植物。這座溫室長兩百二十七英尺、寬一百二十三英尺、高六十七英尺，占地一畝，並有曲線型的屋頂，以展示他最具代表性的稜溝式設計。溫室框架由木頭建造，並由鐵圓柱支撐。溫室內還有座地下鍋爐，利用隱藏隧道輸煤，用來將溫室加熱至熱帶地區的溫度。

　　早在一八三六年，當羅伯特‧尚伯克還在英屬圭亞那探險時，這項工程就已開始。那時只有鏟子和手推車能用，所以光是挖掘地基就歷時數月；三年後，這幢建築才終於能裝上窗戶，用的還是有史以來製作過最大片的玻璃。如同帕克斯頓的傳記作者凱特‧科洪（Kate Colquhoun）所解釋的：「這是一項壯舉，因為它必須看起來很漂亮；因為它非常巨大；也因為它提供了實際上的園藝戲劇效果——一個能容納來自世界各地異國植物的場所。當達爾文來參觀時，他說：這比他一介凡人曾想像過的還要像天然的熱帶。」

　　一八四〇年，帕克斯頓的大溫室完工，尚伯克寄了一包維多利亞王蓮的種子到查茨沃斯莊園。帕克斯頓試圖讓它們發芽，但卻失敗了。而後在一八四六年，皇家植物園館長威廉‧胡克終於在園內培育成功。這場在英國境內種活來自亞馬遜的王蓮的競賽，最終還是達陣了。三年後，胡克已經有三十株左右的小苗可

以拿來送人，而帕克斯頓正是其中一位收件人。

接著，帕克斯頓志在必得，要贏得首先讓維多利亞王蓮開花 77
的競賽。他在大溫室中建造了一個大水池，以模擬植物原生熱帶
棲息地的條件。四周有加熱管加熱土壤，小輪子不停轉動以保持
池水流動，並以液體污水灌溉小苗。在植株於八月初被種進池裡
的時候，它有四片各約六英寸寬的葉子；到了十月初，其中一片
蓮葉已長到四英尺寬，需要換一個更大的水池；然後到了十一月
初，第一朵花苞出現了。志得意滿的贏家帕克斯頓寫信向他的雇
主報告：「我的公爵大人，維多利亞王蓮光榮地盛開了！昨天早
上，一個巨大、像是大型罌粟花苞的花蕾出現；到了今天晚上，
它看起來已像是個放在杯中的大桃子……沒有任何文字可以完整
表達出它有多麼的富麗堂皇。」

玻璃溫室變得越來越流行：刊登在一八七六年《園丁記事》
（*The Gardeners' Chronicle*）雜誌中的廣告

78 　　帕克斯頓之所以能成功誘導熱帶植物在十一月的英格蘭開花，最終還是得歸功於工業革命。工業革命提供了可做為溫室樑柱的現成鐵塊、弧形玻璃製造的革新，以及蒸汽鍋爐技術。同時，工業化造成的空氣污染有助於推動溫室建立，因為生長在玻璃屋頂下的植物能被保護在煙塵之外。帕克斯頓意識到，他的大溫室內所培育的植物，可以反過來協助進一步提高溫室技術。當《倫敦新聞畫報》（London Illustrated News）外派記者報導帕克斯頓的盛大成功時，他把自己的小女兒安妮放在錫盤上，並擺到一片蓮葉上，以顯示巨型植物葉片的強度。蓮葉承載安妮的重量完全沒有任何困難，這給了帕克斯頓一個點子：也許他可以仿效王蓮葉子的結構，為他的溫室設計加入更多強度。

　　王蓮的自然工學，恰好啟發並鼓舞了好奇的維多利亞時代人們。即使在亞馬遜河的原始流域，探險家們也欣賞並留意那些他們所看到的、非比尋常的植物構造。英國植物學家理查・斯普魯斯（Richard Spruce）曾在一八四九至一八六四年間造訪亞馬遜河流域和安地斯山脈，他甚至把植物與人類的工業產品拿來相提並論。「一片葉子的背面，奇異地顯示出某些鑄鐵般的材質：宛如剛剛出爐、色澤紅潤，且藉著巨大葉脈變得更強韌；這些都更增加了兩者的相似度。」

　　我們接著回到英國。帕克斯頓借用了王蓮葉子背面支撐葉脈的自然設計，設計一座專門用來種植維多利亞王蓮的新溫室。王蓮葉子有葉脈懸臂從中心向外輻射，寬大的底部葉緣和極粗且具橫梁的中央主葉脈，則防止葉子漂浮在水面時捲曲起來。帕克斯頓的蓮屋（Lily House）模擬了這種自然工學的成就，其平坦的

約瑟夫・帕克斯頓為一八五一年萬國工業博覽會所
設計打造的水晶宮

80 「稜溝式」屋頂，就如同蓮葉的強力橫梁一般。當英國正在醞釀興建一幢新建築、以容納將於一八五一年舉行的萬國工業博覽會時，帕克斯頓反覆考量運用蓮屋設計的可能性，將其放大許多倍，以創造出宏偉的結構。他的建築計畫——長一千八百四十八英尺、最寬處達四百五十六英尺、高一〇八英尺——最終獲得了批准。在結合了多年經驗，和維多利亞王蓮葉片的獨特構造下，帕克斯頓在倫敦建造了世上前所未見、最偉大的玻璃建築——水晶宮（Crystal Palace）。

當萬國工業博覽會開幕時，內部展示了來自大英帝國境內和其他地區的物品，包括一株尺寸擬真的蠟製維多利亞王蓮複製品。如今，不只是豪門富戶的園藝愛好者可以體驗這個來自亞馬遜的奇蹟，普羅大眾也可以親身目睹。《倫敦新聞畫報》評論了複製品與真實植物間的相似性，記者這麼報導：「就在前一天，我碰巧在植物園看到了這種花本身盛開的樣子，而這複製品模仿得簡直忠實到難以想像。它有花、有蕾、有葉，被藍色和白色的睡蓮所環繞，就像宮女隨侍在女王身邊。」透過誘導王蓮在遠離亞馬遜家鄉濕熱環境的遙遠英國發芽開花，皇家植物園的威廉・胡克和查茨沃斯的約瑟夫・帕克斯頓馴服了大眾想像中的熱帶雨林，也讓大眾深深著迷於這種植物，直至今日仍持續吸引大量人潮前往皇家植物園。這一刻，水晶宮結合了巨型植物的自然力量，將整個大英帝國、和它所有可能帶給人們的商機，通通匯聚在一座閃閃發光的屋頂之下。

第 7 章

進軍橡膠

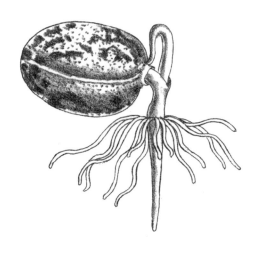

TAPPING INTO RUBBER

Euphorbiaceae
(Acalypheae)

Hevea brasiliensis Müll. Arg.

巴西橡膠樹，繪於一八八七年

橡膠是大英帝國最偉大的商業成就之一。少了它，今天的我 83
們不知道會是什麼樣子？當然沒辦法開車上班、沒有醫用
手套，也不能打網球，或透過全球電信網路進行通訊。這種無處
不在的物質有各種用途，從生產能源、建造太空船到時尚產品，
都會用到橡膠。然而，僅僅將時光倒回一百五十年前，今日全球
性的橡膠業，在那時卻還尚未興起。現在被我們稱為乳膠的乳白
色液體，在當時得從一種在南美洲生長的野生樹木擷取。靠著英
國政府的大膽計畫，加上皇家植物園的植物獵人從亞馬遜雨林中
「盜取」種子，才讓橡膠變成了我們當前所依賴的主要商品。

　　大約三千年前，中美洲的原住民從各種植物中擷取乳膠，來
製造球、玩具和注射器上的橡皮球。西班牙人於一四九二年殖民
美洲後，發現了這種物質的存在。一六一五年，史學家胡安·
德·托克瑪達（Juan de Torquemada）記載，墨西哥的西班牙人
已經學會利用一種白色的樹汁，來讓斗篷變得防水。然後在一六
五三年，巴拿比·科博（Bernabé Cobo）神父描述他在熱帶叢林
中時，會在長襪上加上乳膠塗層，以保護雙腿。然而，直至一七 84

三六年法國博物學家查爾斯・瑪麗・德・拉孔達明（Charles Marie de la Condamine）首次描述巴拿馬橡膠樹（現在我們知道它的學名是彈性卡桑斯木〔Castilla elastica〕）和它所產生的黏性天然橡膠之前，歐洲人對這種物質始終興趣缺缺。

　　幾年之後，另一個法國人法蘭斯瓦・費奴（François Fresneau）敘述並撰寫了乳膠和它在西方的潛在用途。蘇格蘭人查爾斯・麥金塔（Charles Macintosh）是首先應用其潛力的歐洲人之一。到了這時，乳膠在英國已被用來擦除鉛筆痕跡，並因此得名為「印度橡膠（India rubber）」，因為早期探險家們稱呼南美原住民為「印第安人（Indians）」。[*]然而，麥金塔對乳膠的防水能力產生極大的興趣，這種能力讓早期前往南美洲的旅行者嘖嘖稱奇。他發現，他可以在煤焦石油腦中溶解來自液態乳膠的固態天然橡膠，然後把布料浸漬在該溶液中，使之防水。他遂為「麥金塔雙重材質防水布料」申請了專利，這種布料是由兩片經橡膠處理後、內夾一層橡膠的布料所構成。一八二三年，防水風衣外套終於誕生。這是項重大的進步，因為當時大多數的外套都是由高吸水性的羊毛或棉花所製成的。

　　但是，橡膠也有一個問題，就是它對溫度極度敏感。另一位橡膠先驅查爾斯・固特異（Charles Goodyear）為美國波士頓郵政

---

[*] 譯註：橡膠的英文 rubber 源自於用來擦除鉛筆筆跡的橡皮擦，英文也是 rubber。而早期探險家發現南美時，誤以為他們發現的是印度，所以把當地原住民誤稱為 Indians；因此，雖然中文習慣稱呼這些美洲原住民為印地安人，但印地安人的英文拼音卻和印度人一樣都是 Indians。

總局所製造的郵袋，不管是在炎炎夏日變得太粘，或是在寒冷的冬季變得太脆時，都完全無法使用。直到一八三九年，固特異把硫和鉛與橡膠一同加熱融合，才終於創造出一種持久穩定的材料。曾和麥金塔聯手一起強化外套橡膠塗層的湯瑪士・漢考克（Thomas Hancock），則在英國開發出一種類似的加工過程，並以羅馬神話中的火神伏爾岡（Vulcan）而命名為「加硫化法（vulcanisation）」。這種橡膠硬化的新製程，將橡膠推廣成利潤豐厚的商品。其可能性似乎無窮無盡；從彈性布料到海底電纜絕緣層，它可以用來塑造所有的一切。

一八五一年，萬國工業博覽會在倫敦海德公園、由約瑟夫・帕克斯頓所設計的水晶宮裡舉行，開放普羅大眾參觀來自整個大英帝國及世界各地出產的新興工業產品（水晶宮後來被搬遷到倫敦近郊的西德納姆〔Sydenham〕，其遺跡也依然遺留此地）。展品中也包括了麥金塔、漢考克和固特異生產的橡膠製品。固特異的展區是一系列完全由硬橡膠製成的展示間，其中還展示許多裝飾品，包括珠寶首飾、煙斗，以及一個水果盤。這些展品向萬國工業博覽會的六百萬名參觀者顯示了橡膠的用途有多麼廣泛。

艾伯特親王（Prince Albert）是這項展覽背後的關鍵動力，他很熱中於推動藝術和科學；例如倫敦自然史博物館和皇家艾伯特音樂廳，即是艾伯特親王利用萬國工業博覽會的盈利所支持、成立的機構。當他和維多利亞女王停下來參觀麥金塔的展區時，麥金塔獻給他們一塊以硫化橡膠製成的碑文，上面刻有威廉・古柏（William Cowper）的詩〈慈善〉：

> 再一次，商業的環帶被制訂出來，
>
> 好將各式各樣的人結成合作夥伴，
>
> 如果浩瀚無涯的豐盛是一件長袍，
>
> 貿易就是條黃金束帶將地球環抱：
>
> 明智推動了一切祂所預備的意旨，
>
> 上帝開啟了豐碩自然的風景各式，
>
> 每種氣候都需其他風土物產供應，
>
> 也會貢獻出自身物產，以為公用……

86　此時，許多地球上最有價值的商品，都來自植物：包括茶、咖啡、糖、煙草、棉花和黃麻。將這首詩的碑文進獻給皇室，是非常高明的公關操作手段。詩中文字捕捉了那個時刻，並寓意著：為了人類的共同利益，將屬於神的、全世界豐富的自然資源拿來進行貿易，是種崇高的努力。當奴隸制度才在不久前的一八三三年遭到廢除時，某些人甚至仍認為這樣的奴隸貿易是一項責任。儘管糖所帶來的財富，實建立在奴隸制度之上，那時候卻認為其他植物產品的「合法商業行為」，將有助於促進全球不同地區人們之間的友誼。

　　到了十九世紀中葉，英國皇家植物園已會定期收到全球各地植物學家寄來的特殊新植物。除了檢查並鑑定這些標本，皇家植物園的專家也會評估這些植物的經濟潛力。英國政府希望皇家植物園能栽培具商業價值物種的種苗，並寄給那些在殖民地的植物園，以試著大規模栽培這些潛在作物。印度辦事處的克萊門特・馬克漢（Clements Markham），已偷偷違背南美洲各國政府的意

願，將用來治療瘧疾的金雞納（cinchona，詳細說明見第十五章）從南美移植到印度與錫蘭（今斯里蘭卡）。隨著萬國工業博覽會大獲成功、提升了各界對橡膠製品的需求，蒐集乳膠產膠植物的種子成了英國政府的首要任務。

來自南美洲的報告指出，橡膠樹的數量正在減少中，這加劇了發展新橡膠來源的迫切性。會減少主要是因為，被稱為放血者（tapper）的乳膠採集者往往在過程中剝除了所有的樹皮；雖然這麼做有助乳膠外溢並便於採集，卻也往往扼殺了樹木。隨著需求增加，採集者不得不前往更遠的地方去尋找新的樹木，也因此讓價格抬高。一八五三年，植物收藏家理查・斯普魯斯（Richard Spruce）在他的日記中寫道，橡膠在帕拉（Pará，巴西北部）的價格已經水漲船高，「大多數居民都投入了尋找與製造橡膠的行

87

亨利・威克姆於一八七二年所繪製的
「我的牧場，位於奧利諾科河上游，於天然橡膠季期間」

動。」他記錄，光是在這個小型省分裡，就有兩萬五千人受雇於橡膠工業。因此，許多帕拉工人放下原本用來種植其他作物的工具，轉而投效橡膠生產，導致這個地區不得不從其他地方進口蔗糖、藍姆酒，和當地稱為 farinha 的麵粉。

皇家植物園檔案中的通信紀錄顯示，當時的園長約瑟夫・胡克偏好巴西橡膠樹（Hevea brasiliensis）多過於其他能產生乳膠的樹種。一八七四年年末，英國政府以每千顆種子十英鎊的代價，授權亨利・威克姆（Henry Wickham）採集「一萬顆或更多的橡膠樹種子」。威克姆是個旅行者，曾從事過的職業包括在巴西種植咖啡，及在中美洲進行鳥類皮毛交易；威克姆在植物學上的資歷稍顯薄弱，只包括之前他曾提供皇家植物園採集植物的服務，以及在他的著作《從千里達到帕拉，穿行荒野的旅途散記》（Rough Notes of a Journey through the Wilderness, from Trinidad to Para）中顯示了某種程度的橡膠知識。一八七六年一月，雙方關於費用的談判還在延宕中，這時威克姆終於去信確認，「我正要前往『庫林佳』（Curinga）地區，好為你們盡可能收集新鮮的天然橡膠種子。」

英國政府原本打算在印度發展橡膠資源。一八七三年，皇家植物園收到在詹姆斯・柯林斯（James Collins）要求下，從巴西寄來的兩千顆巴西橡膠樹種子；柯林斯當時是皇家藥劑學會博物館館長，也是數篇文章的作者，內容涵蓋橡膠歷史、商業、供應和採集等等。皇家植物園的園藝學家成功地讓一些種子發芽，並將幼苗寄往加爾各答和緬甸。然而，加爾各答的氣候被證實太過乾燥，促使柯林斯建議皇家植物園取得更多種子，並試著在錫蘭

和麻六甲（現為馬來西亞的一州；當時是英國海峽殖民地的一部分）進行栽培。

胡克對威克姆的植物學專業知識所知甚少，皇家植物園為何還要委任威克姆為他們採集種子，這實在有些古怪。然而，胡克承受了許多來自印度辦事處的壓力，必須取得橡膠樹的種子，而威克姆恰好在正確的時間出現在正確的地方。威克姆履行了他的任務，將七萬顆種子放入箱中，向海關人員申報為「英國女王陛下特別指定交付給她皇家植物園的極度嬌貴植物樣本」。在威克姆闡述其一番努力的個人報告中，特別強調他甚至必須將這些種子「走私」至巴西境外。這個故事流傳了許多年，還成為巴西人稱呼他為小偷這個事實的佐證，因為他的行為「在國際法上幾乎無法站得住腳」。然而，雖然看起來可能很不道德，當時並沒有任何法律明令禁止植物材料的出口；而巴西人自己也並不怎麼反對「竊取」種子的行為，因為他們自己在一七九七年時，也從法屬圭亞那的開雲（Cayenne）取得了香料種子，並送往帕拉。

橡膠種子腐壞得很快，威克姆提供的七萬顆種子中，只有百分之四左右成功發芽。如果他是被要求提供仍存活、且具發芽能力的種子，那應該會是更有成就的任務；但由於某些原因，這個細節在他的合約中被省略掉了。儘管如此，一八七六年，從威克姆的七萬顆種子中長出的一千九百一十九棵植株，以及三十二株巴拿馬橡膠樹的小苗，一起被運上了 SS 德文郡公爵號（SS Duke of Devonshire），航向錫蘭的可倫坡。位於康提（Kandy）的佩拉德尼亞植物園（Peradeniya Botanical Garden）接收了這批植株，總監喬治・思韋茨（George Thwaites）向胡克確認它們安全抵

亨利・雷德利（左）展示切割橡膠樹時所使用的鯡魚骨紋

達：「你應該會很高興聽到，巴西橡膠樹和巴拿馬橡膠樹植株的確已經抵達，而且狀況還不錯。這些巴西橡膠樹中，應該有百分之九十可以毫無疑問地存活；而三十一株巴拿馬橡膠樹中有二十八株，看起來也還滿綠、滿有希望的。」

佩拉德尼亞植物園中的橡膠樹遭受乾旱東北季風的侵襲。園丁們注意到這點後，就把巴西橡膠樹植株移植到新成立的翰納羅斯高達植物園（Henarathgoda Botanical Gardens），這個植物園的位置比較接近可倫坡，海拔也較低。根據英國皇家植物園的記錄，移植後十五年，翰納羅斯高達植物園內其中一棵橡膠樹的樹幹直徑「在高於地面一碼處已寬達六英尺五英寸」。它總共只被採集過三次，在一八八八年、一八九〇年和一八九二年分別收獲了一磅十一又四分之三盎司、兩磅十盎司以及兩磅十三盎司的乳膠。一八八〇年接任思韋茨職位的亨利‧揣曼（Henry Trimen）寫道：「樹木絕對沒有因為採集乳膠而受到任何影響；每隔一年的休養，讓樹幹上的傷痕得以完全癒合。」

皇家植物園運送第一批橡膠樹植株前往錫蘭後一年，其中的二十二株自錫蘭送往新加坡植物園。新加坡植物園的負責人亨利‧默頓（Henry J. Murton）將其中八株種植在新加坡植物園，其餘則種植於馬來半島其他地區。而默頓的繼任者又種下了從最初種子庫存中長成的一千兩百棵橡膠樹苗。當中存活下來的植株，由一八八八年繼任新加坡植物園園長的亨利‧雷德利（Henry Ridley）所繼承。在胡克的催促下，雷德利貫注全副心力來研究橡膠樹。他的第一項任務是馴服雜草叢生的橡膠園：據他的描述，那是片密密麻麻的灌木叢，裡頭充滿了許多蛇隻，其中

91

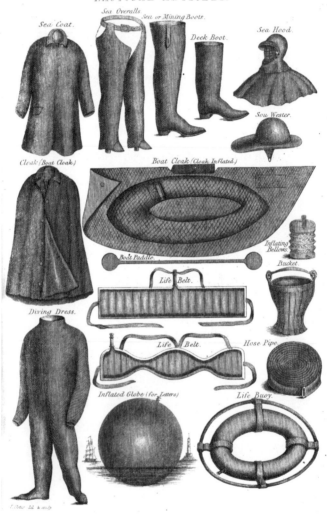

NAUTICAL ARTICLES.

一八五七年，以天然橡膠製成的數件航海用服

還包括二十七英尺長的蟒蛇。

雷德利的實驗結果顯示，橡膠樹在一天二十四小時內能產生定量的橡膠；且新長出來覆蓋採集傷口的樹皮，也和原本的樹皮含有同樣多的乳膠。這意味著橡膠樹可以接受許多年、每天連續的採集。他運用一種叫「鯡魚骨紋」的方式來採集乳膠，方法是先切出一條縱溝，然後切出兩條紙一樣薄的橫向割痕。乳膠會從側面開口流向垂直縱溝，然後流入固定在基部的杯子裡。杯中的乳膠會被倒進一個以醋酸處理過的牛奶罐裡，以分離出白色霜狀的橡膠。之後將橡膠桿平，煙燻處理以防止發霉，接著乾燥後就可以準備出口。

此時，橡膠已經成為越來越多產品所須的材料。一八九〇年六月，《印度橡膠、馬來樹膠與電氣交易期刊》（*India-Rubber and Gutta-Percha and Electrical Trades Journal*）報導，該年春天橡膠網球鞋的製造商一直無法滿足顧客需求量，並宣稱：「橡膠工業正在強勢成長。然其少量的存在由少數人持有，故市場價格幾乎可以確定會持續攀升。就算本季的大多數商品都已製造完成，但仍沒有任何徵兆顯示，對橡膠的需求會有所降低。」

一八八二年，皇家植物園的年度報告自豪地宣布：「原先由印度辦事處發起的任務已圓滿達成。」然而更大的商業成功還在後頭。一八九三年，橡膠經紀商赫克特、李維斯與卡恩公司（Hecht, Levis & Kahn）評估皇家植物園寄給他們的錫蘭橡膠樣本，認定其品質「確實極好，且似乎能產生適當的固化過程。」最重要的是，他們證實了錫蘭橡膠「將可大量銷售」。隨著對多用途新材料的需求提高，橡膠取代茶葉成為錫蘭的主要作物。

在橫跨印度洋另一端的新加坡，被冠上「橡皮」或「瘋狂」稱號的雷德利預測，對橡膠的需求將迅速超出現有的供給量。他深信自己的預測會成真，所以在前來參觀的地方官員和農場主人口袋裡，都塞滿了橡膠種子，好讓他們種在住宅四周。起初沒幾個人有興趣，但在橡膠種植者蒂姆・貝利（Tim Bailey）短短幾年內因橡膠賺了五十萬英鎊後，情況大為改觀。如同雷德利所回憶的：「每個人都瘋了，橡膠園無處不在，每一寸廢地、果園，甚至花園都種滿了橡膠，沒有人願意考慮別的作物。」當兩艘載著巴西作物的輪船沉沒在亞馬遜河後，橡膠的價格急遽飆升。由皇家植物園的園藝學家為了實驗順手栽種的僅僅二十二棵橡膠樹，其所開創的馬來西亞橡膠產業，幾乎在一夜之間摧毀了巴西貿易。

今日，在皇家植物園經濟植物學典藏區的冷藏室中，來自萬國工業博覽會的橡膠展品被良好保存著，以傳諸後世；這些收藏品充分顯示出這種剛改良完備過的新材料的多功能性。一個盒子裡收藏著固特異的硬橡膠珠寶展品，這是種硬質的黑色橡膠。裡頭有手鏈、編結耳環，還有一個橢圓形胸針，上面繪有兩隻鹿，還加上了錯綜複雜的模壓成型鹿角。另一個盒子裡則裝著四片灰色的墊圈，突顯出橡膠在蒸汽工業上不那麼光鮮亮麗，卻更重要的用途：用來連接蒸汽機的鐵管或鋼管。正如經濟植物學典藏區館長馬克・內斯彼特（Mark Nesbitt）所指出的：「橡膠有各式各樣平凡但卻非常重要的工業用途。」

這些展示品，是設計來展示橡膠這種新發現神奇物質的潛力，它們讓人回想起帝國時代繁榮、希望和創業的精神。維多利

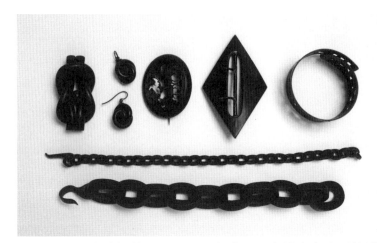

查爾斯·固特異提供給一八五一年萬國工業博覽會的硬橡膠
收藏品，現為英國皇家植物園的經濟植物學典藏品

亞時代的英國人從其他國家採集具商業價值的植物，在殖民地栽
培並利用這些植物所生產的商品進行貿易；無論我們怎麼看待這
種道德觀，他們的遠見和堅持不懈的精神，實造就了今日身價數
十億美元的橡膠工業，及其所提供的無數產品。雖然在一九五〇
年代，合成橡膠產量就已超過橡膠園的天然橡膠產量，但天然橡
膠仍占全球產量的百分之四十左右。如果胡克、威克姆和雷德利　95
等人沒有發現巴西橡膠樹及其乳膠汁液的潛力，顯然我們的人生
旅程將會變得更濕、更顛簸、更嘈雜，也更加危險。

第 8 章

蘭花熱

ORCHIDMANIA

十九世紀的蘭花熱：販售進口蘭花的廣告

熱帶植物早已不再遙不可及。任何有點閒錢的人，都可以買 99
到蘭花。養殖者已發展出完善的流程，能將來自蝴蝶蘭
（*Phalaenopsis*）、蕙蘭（*Cymbidium*）、石斛蘭（*Dendrobium*）的每
個種子莢中所產生的成千上萬微小種子培育成芽，讓它們長成數
以百萬計的蘭株，出售給大眾，賺取可觀的利潤。因此，現在我
們只要走進園藝中心或超市，隨時都能買得一方熱帶天堂。而這
麼做的人還不少；蝴蝶蘭已經不止一次獲得英國花卉及盆栽協會
的最受歡迎室內植物榮銜。同時，英國皇家植物園一年一度的蘭
花節，也讓人們能在熱帶環境中看到更多罕見的蘭花。「蘭花就
是有種夢幻、充滿異國情調、有時甚至是性感的感覺，」皇家植
物園的導覽志工艾瑪‧湯思罕（Emma Townshend）說，「有些人
只想去看那些從天花板上垂掛下來、五彩繽紛得令人難以置信的
萬代蘭（*Vanda*）。其他人則喜歡蘭花冷房中那些溫帶蘭花上的
精細圖樣。而對某些人來說，把臉湊近一株罕見的蘭花，聞進花
朵的幽香，可以發現他們變得愉悅許多，一整天都不一樣了。人
們認為蘭花是奢華的極致。」

　　過去要享受這些異國情調的花朵並不容易。根據一八一〇年 100

的《倫敦百科全書，或藝術、科學及文學通用詞典》(*Encyclopaedia Londinensis, Or, Universal Dictionary of Arts*) 記載，雖然有無數種熱帶南美樹蘭 (*Epidendrum*) 從熱帶和亞熱帶美洲引入英國花園中，卻需要許多技術外加細心照料，才能克服培養這些「寄生」植物的困難。「寄生」這個詞源自於蘭花的某個特徵，那就是大部分熱帶蘭花是附生植物（注意不是寄生生物），生長在其他植物上，並從空氣、降雨及周圍的植物碎屑中攝取水分和養分。

　　一開始，養殖者還不確定要如何在溫室裡提供適當條件給這些所謂的「空氣植物」。終於，在一七八七年，皇家植物園的植物學家成功地讓一種又稱扇貝蘭 (cockleshell orchid) 的熱帶蘭花——章魚蘭 (*Prosthechea cochleata*) 在英國首次綻放。這個消息和其他園藝學家的成功栽培先例迅速傳播開來，英國境內的每個植物愛好者，都急切地想要試著培育這種神祕植物：生長在地球上某些最偏遠美麗的地區、沒有明顯營養供給的森林樹冠層高處的植物。

　　到了十九世紀初，《柯帝士植物學雜誌，或花園展覽》(*Curtis's Botanical Magazine, Or, Flower-garden Displayed*) 已經可以報導：南美樹蘭屬中的許多品種「極度完美地綻放出花朵」。不久，羅狄吉斯父子公司 (Loddiges and Sons) 在其倫敦哈克尼區的苗圃內培植並銷售蘭株，更助長了人們對蘭花的興趣。隨著「窗稅」(window tax) [*] 在一八四五年被廢除，能夠便宜製造大片玻璃的新生產系統也被發明出來，越來越多人能在後院蓋起一

---

[*] 譯註：窗戶數量遞增的房屋稅。

座溫室，並在裡面種滿熱帶植物。在這之前，只有社會上最富有也最頂層的階級，才能擁有這種豪華溫室，溫室是躋身上流社會的珍貴標誌。而現在，幾乎每個人都想擁有一株蘭花。植物獵人開始遠征全球最蠻荒的地區，為植物園和私人收藏家搜尋奇花異草，特別是那些擁有誘人花朵的植物。「蘭花熱」於焉誕生。

關於世界上某些最美麗的蘭花如何登上英國國土的傳說，由園藝工作者暨庭園設計師詹姆斯・貝特曼（James Bateman）於一八三七到四三年間將其集結，寫成了一本厚重且附有華麗插圖的大部頭鉅作《墨西哥與瓜地馬拉的蘭科植物》（*The Orchidaceae of Mexico and Guatemala*）。貝特曼將蘭花描述為「皇室命定的飾物」，清晰地捕捉了那股為帝國征服與科學研究加成後的強烈魅力。他對這些美麗植物的迷戀，據說大約始於八歲，繼承自他的

喬治・克魯克香克（George Cruikshank）的漫畫，
主角是詹姆斯・貝特曼於一八三七到四三年間寫就的鉅作
《墨西哥與瓜地馬拉的蘭科植物》

父母。他在牛津大學念書的時候,還曾在上課時間溜去參觀托馬斯・費爾本(Thomas Fairburn)的苗圃。在這裡,他第一次看到火焰蘭(*Renanthera coccinea*),也看到一幅此花盛開的圖片。他後來回憶:「當然,我一見鍾情;且因為費爾本先生的植栽只賣一畿尼(此時尚不流行高價),這株蘭花很快就轉手,在聖誕假期開始時和我一起去了奈普斯里(Knypersley)。我已經得到我的蘭花,但我卻還不知道要怎麼好好照顧它。」

廣大群眾對蘭花的胃口,是喬治・尤爾・史金納(George Ure Skinner)所餵養出來的。這個來自曼徹斯特的貪婪採集者,在瓜地馬拉擁有廣大的莊園,引進了將近一百種新的蘭花品種到英國種植,其中包括了以他命名、粉紅色花瓣的史金納氏嘉德麗亞蘭(*Guarianthe skinneri*)。在史金納被交付寄送樣本的任務之前,英國對這個中美洲國家的植物學還所知甚少。貝特曼在《墨西哥與瓜地馬拉的蘭科植物》一書中記載了史金納的剽悍努力:

> 從他收到我們信件的那一刻起,他就辛勤地〔**引錄原文**〕把這些瓜地馬拉的森林寶藏從它們的藏身之處挖掘出來,遷移回故鄉的爐灶(溫室)裡。為了達成這個目標,幾乎沒有任何犧牲是他沒付出過的,也沒有任何一種危險或困難是他沒面對過的。無論是生病還是健康,處理業務所需或面臨戰爭危險,又或是被扣留在大西洋岸的隔離檢疫區中,甚至是在太平洋的礁石上遭遇船難,他都從未錯失任何一個能讓他在那一長串植物學新發現清單上多添一筆的機會!

史金納當了三十幾年的植物採集者，在這段期間內，共橫渡了大西洋三十九次。命運降臨在他最後一趟旅程的盡頭；在離開巴拿馬的那天，他因為黃熱病而病倒，並在兩天後過世。

嬌豔嫵媚的朱唇嘉德麗亞蘭（*Cattleya labiata*）引燃了英國境內收集蘭花的熱潮。一八一八年，博物學家威廉・史威森（William Swainson）在前往巴西珀南布科（Pernambuco）的旅程中，首次採集到這種蘭花的樣本。熱帶植物養殖與引進者威廉・嘉德利（William Cattley）細心培育著寄送到他手中的蘭花樣本，而蘭花回報給他的，則是開出如小喇叭狀的碩大花朵。如今這種蘭花也以嘉德利的名字命名。

其他的朱唇嘉德麗亞蘭樣本也在細心培育下開了花，這不但在園藝界造成一陣轟動，也助長了人們對這種蘭花的需求；然而令人挫敗的事實是，沒有人知道史威森採集原樣本的確切地點。當時的採集者們往往無法取得探索地域的地圖，因此他們也沒有任何方法能夠辨明樣本確切的採集地點。約十八年後，博物學家喬治・加德納（George Gardner）前往巴西，他認為自己分別在兩個不同的地點找到了朱唇嘉德麗亞蘭的樣本：又稱桅帆山的加維亞山（Gavea Mountain），以及鄰近的佩德拉博尼塔峰（Pedra Bonita）。但是，後來這些蘭花被證明是另一個不同的品種：裂瓣嘉德麗亞蘭（*Cattleya lobata*）。

令人陶醉的朱唇嘉德麗亞蘭繼續維持著它那難以捉摸的形象。直到許多年後的一八八九年，才終於在珀南布科再次發現。它的重新出現，更助長了人們對這些植物的收集狂熱。

CYPRIPEDIUM GODEFROYÆ.

Price 42s. each.

For full descriptior, *see* page 19.

維奇園藝的產品目錄上從一八八六年開始銷售蘭花，
圖中這種蘭花每株的售價是四十二先令

一八九七年四月，曼徹斯特成立了第一個蘭花養殖協會；很快地，英國各地紛紛成立了更多的蘭花協會。隨著蘭花養殖更為普及，並變得日益流行，苗圃能透過採集大量植栽來賺取可觀利潤。他們派出成群結隊的植物獵人；一八九四年時，光是一間苗圃就派遣了二十位採集者前往世界各地的叢林。最後導致搶手品種的野生族群被採集殆盡。英國皇家植物園園長約瑟夫・胡克對蘭花摘採的規模感到非常痛心。他哀傷地描述，他曾看到加爾各答皇家植物園的採集者裝滿了上百籃蘭花：

> 因為有詹金斯和西蒙公司的採集者，二、三十個福爾克納公司和羅布公司的人，還有我的朋友卡班（Kaban）、凱夫（Cave），以及英格利斯（Inglis）的朋友們，使這裡的道路像檳城叢林一樣，變得光禿禿的。我跟你保證，方圓百里內的路面有時候看起來簡直像是被颱風掃過一樣，遍布著腐爛的樹枝和蘭科植物。前幾天，福爾克納公司的人馬送來一千個籃子，並預測大概有一百五十個品種值得培養，很明顯地，你在英國的爐灶（溫室）裡的庫存將無匱缺之虞。唯一發現新東西的機會，只在阿薩姆、金惕（Jyntea）和加洛（Garrows）等區域的致命叢林內。因此，我不會花錢收集蘭科植物，反倒寧可收集棕櫚樹、芭蕉目一類，因為這些植物更難蒐集，且不受這些強盜的覬覦。

之後的研究顯示，蘭花為了繁衍，必須依賴特定的授粉者，也連帶為生態系統做出了重要的貢獻。換句話說，如果你從某個

棲地移除了蘭花及它們附生的植物，你就妨礙了那個生態系統的健全功能。查爾斯・達爾文是第一個建立起蘭花與其棲地間關聯的科學家，他指出，某些蘭花的花苞已經演進到只允許一種特定授粉者取得它們的花粉。

「達爾文領悟到兩件非常重要的事，」吉姆・恩德斯比解釋：「其中一件是，傳統上對花朵異國情調及奢華美麗的解釋，也就是上帝創造花朵來取悅我們的這種說法，顯然並不成立。但更有趣的一件事是，進化論的天擇說解釋了蘭花離奇的多樣性變型（forms），因為這說明了昆蟲與蘭花間的專一性獨特配對關係。」

106

《物種起源》一書提出了動植物是由天擇演化而來，並非被創造出現。完成這本書的三年後，達爾文對蘭花越來越著迷，他描述蘭花是「舉世公認，植物界中最奇異、也演化得最詳盡的形式。」他檢驗了英國原生的許多變種，然後擴大範圍到世界各地——得到家人、朋友和一大群通信者（包括約瑟夫・胡克）的幫助——達爾文充分利用了當代種植熱帶蘭花的熱潮。一八六二年他出版了《蘭花利用昆蟲授粉的各種詭計》（The Various Contrivances by which Orchids are Fertilised by Insects），也就是俗稱《蘭花受精》（Fertilisation of Orchids）的這本書，內容提供了天擇過程的證據。他在書中解釋，蘭花花朵的繁多變型，是植物及其授粉昆蟲間關係的直接結果。

某些蘭花用來引誘昆蟲來訪的方法之一是生產花蜜。當昆蟲將口器插入花朵攝取花蜜，牠不經意間也帶走了花粉。然後，當昆蟲造訪同一物種的另一株蘭花，便會授粉在上頭。對與特定授

蟑螂不是蘭花！喬治・克魯克香克在貝特曼的《墨西哥與瓜地馬拉的蘭科植物》中所畫的漫畫，顯示出引進外來植物的風險

粉者有密切關係的植物來說，這是一種優勢；因為，這雖意味著植物有較少的授粉者，但那些來訪的昆蟲，也將繼續造訪同一物種的植株。結果是，該植物會浪費較少的花粉（大多數植物都無法被來自於其他物種的花粉所授粉）。而此種適應也有利於昆蟲，因為牠較不需要與其他昆蟲物種競爭這種特定蘭花的花蜜。

　　一八六二年，詹姆斯・貝特曼將大彗星風蘭（*Angraecum sesquipedale*）的樣本寄給達爾文，這種蘭花具有令人驚嘆的喇叭狀花朵，綻開成一個星形。達爾文寫信給約瑟夫・胡克說道：「我剛收到貝特曼先生寄來滿滿一盒子奇妙的大彗星風蘭，它有著一英尺深的蜜腺（生產花蜜的植物組織）。我的老天，什麼樣的昆蟲才能吸吮到它的花蜜啊。」在幾天後寄出的第二封信中，

107

他還念念不忘這種蘭花，並提出假設：「在馬達加斯加，一定有種飛蛾的口器能夠伸展到十或十一英寸長（約 25.4-27.9 公分）。」基本上，達爾文是這麼預測的：蘭花有這麼長的產蜜腺體，一定利用了某種具有等長舌頭的蛾類來授粉。一九〇七年，達爾文去世的二十五年後，科學界發現了一種具有此特徵、被命名為馬島長喙天蛾馬島亞種（*Xanthopan morganii* subsp. *praedicta*）的飛蛾。*然而直到一九九二年，科學界才終於捕捉到這種蛾類採集大彗星風蘭花蜜，並將花粉從一株植物上帶往另外一株的影像畫面。

達爾文發表進化論後，某些他所提出的基本原則，被認為牴觸了當時的主流宗教信仰。一八六一年，他這麼寫道：「目前我們認為蘭花是上帝創造的，在我看來這簡直不可思議。蘭花每一個部分，都顯示出修飾再修飾的痕跡。」他對嬌弱蘭花的研究，有助於說服世人相信演化的真實性，因為蘭花和蘭花授粉者間的親密關係，提供了令人信服的證據，說明天擇是促進演化的機制。多虧了進化論，研究生命科學的科學家們可以提出經過驗證的假設，讓他們的工作更具嚴謹性和公信力。二十世紀演化生物學家的領袖之一、恩斯特・邁爾（Ernst Mayr）在二〇〇〇年出刊的《科學美國人》中宣稱，沒有任何一個生物學家比得上查爾斯・達爾文——他是那麼大幅度、那麼激烈地改變了一般人眼中的世界觀。

如今植物學家估計，地球上大約存在有三萬種蘭花。歸功於

---

* 譯註：馬島亞種的種名 *praedicta* 在拉丁文中有預測的意思，用來紀念達爾文當初對這種蛾類存在的推論。

達爾文和其他科學家的研究，他們已知蘭花和蘭花授粉者間有著非常專一的關係，這種關係在蘭科植物的成功繁殖策略上扮演了重要作用。然而，這種因應特殊地方條件所產生的適應策略，可能會讓物種面對周圍環境的突然變化時，變得非常脆弱。一九八八年至九九年間任職皇家植物園園長的吉里恩・潘蘭西（Ghillean Prance），在亞馬遜雨林進行蘭花及其生態關係的研究時，協助突顯了這個弱點。

潘蘭西發現，富有商業價值的野生巴西栗（Bertholletia excelsa）的豐收，得仰賴周圍亞馬遜雨林的健康——包括雨林中的蘭花。這種樹需要雌性長舌花蜂幫忙授粉。然而這些蜜蜂卻只願意與已成功收集到數種蘭花香氣的雄性交配，所有這些物種都只能在不受干擾的叢林中才能蓬勃生長。這種不同植物與動物間微妙平衡的相互依存關係，說明了這塊被維多利亞時代人們稱為「自然經濟體」、也是許多蘭花賴以生存的方寸之地，是多麼岌岌可危。

今日，皇家植物園的保育生物技術團隊持續嘗試解開蘭花與其棲地間的複雜關係之謎，這些棲地也包括了馬達加斯加，即達爾文筆下著名的、花距極深的大彗星風蘭，與它的朋友長舌飛蛾的家鄉。馬達加斯加的蘭花品種極為豐富，其中許多種都瀕臨危機。研究團隊在島上的中部高原採集了約五十種稀有蘭花的種子，並帶回皇家植物園繁殖栽培。蘭花的每個種子莢中都可以產出成千上萬的種子，每個種子都包含一枚胚胎和周邊的種皮。和大多數植物的種子不一樣的是，蘭花的種子不具有內建的食物來源（胚乳），胚胎必須從外界攝取食物，才能夠發芽。

在野外，蘭花得仰賴特殊真菌才能萌芽，這些真菌的生長與蘭花的根系有非常密切的關係（也就是被松露專家亞伯特·伯恩哈德·法蘭克〔Albert Bernhard Frank〕命名為菌根的真菌，參見第四章），提供種子所缺乏的養分和碳水化合物給發育中的植物，促進幼苗的健康成長。在實驗室中，科學家可以提供形式簡單、不需菌根存在就能直接為植物所用的碳水化合物和養分給蘭花種子。然而，和正確真菌共生的植物，往往更能成功發芽，也能長得更快更健康。皇家植物園的團隊目前正在蒐集與馬達加斯加蘭花在野外共生的真菌，以便在實驗室中複製它們的共生關係。

110　　在皇家植物園艾頓之屋（Aiton House）的一間實驗室裡，數百個透明培養器皿（基本上就是裝有植物的盆子）在氣候控制培

皇家植物園實驗室中的蘭花養殖，這是野生稀有蘭花保育的其中一步

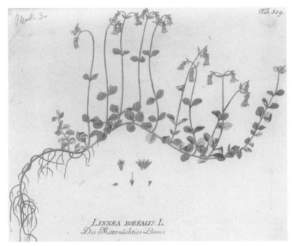

林奈木（*Linnaea borealis*，又稱北極花），瑞典分類學家卡爾·林奈（Carl Linnaeus）的代表植物，林奈曾試著推廣用這種植物製成的拉普茶。據他兒子描述，這種茶還「滿噁心的」。

自一七七五年起，著名的非洲蘇鐵（南非大鳳尾蕉）就定居於皇家植物園內。這是世界上最古老的盆栽植物之一，由採集者弗朗西斯·馬森（Francis Masson）自原產地南非帶回英國。

40

Stapelia Gordoni.

弗朗西斯・馬森所著《豹皮花屬新星；此屬發現於非洲內陸的數
個新種》（*Stapelia Novae; or a collection of several new species of that genus,
discovered in the interior parts of Africa*，出版於一七九六年）一書中的
戈登氏火地亞仙人掌（*Stapelia gordonii*，又名蝴蝶亞仙人掌）。
馬森是皇家植物園的首位植物採集者，約瑟夫・班克斯爵士
（Sir Joseph Banks，皇家植物園實際上的首任園長）
指派他與詹姆斯・庫克船長（James Cook）一同前往好望角。

STEWARTIA.

卡爾・林奈命名的絲滑紫莖（*Stewartia malacodendron*，又名絲滑山茶），由林奈的朋友暨合作者，著名藝術家格奧爾格・狄奧尼修斯・埃雷特（Georg Dionysius Ehret, 1708-1770）所繪製。

約瑟夫・班克斯爵士
在倫敦市中心自宅中
的植物標本館。這是
由弗朗西斯・布特
（Francis Boott）繪於
一八二〇年的褐色調
畫。

倫敦林奈學會圖書館和
標本館中用來擺放收藏
品的紅木書架和抽屜。

在一趟由約瑟夫・班克斯爵士授意的遠征中，年輕的植物獵人威廉・科爾（William Kerr）首次在中國採集到虎皮百合（*Lilium tigrinum*，別稱卷丹）和重瓣黃木香（*Rosa banksiae*）。

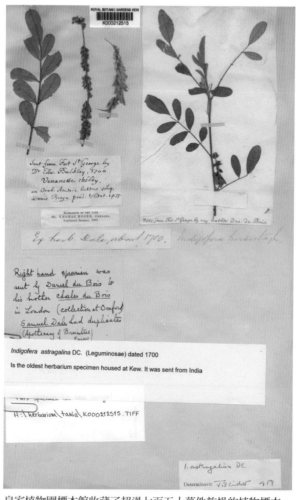

皇家植物園標本館收藏了超過七百五十萬件乾燥的植物標本，
又稱為臘葉標本。這是皇家植物園最古老的標本，
可以追溯到西元一七〇〇年，最初來自戴爾標本館
（Dale Herbarium）；上面的標本是來自印度的豆科家族一員，
絲毛木藍（*Indigofera astragalina*）。和許多其他標本一樣，
這份標本後來被陸續加上了新的註記。

來自泰國的一個新物種，卡威箚克氏龍血樹（*Dracaena Kaweesakii*），於二〇一三年首次被賦予拉丁學名。標本上的標籤註明採集地點、植物特徵描述、以方言發音的當地名稱、周遭的生態環境，還有採集日期及採集者的名字。

DNA 分析揭露了植物間令人訝異的新親緣關係：聖誕紅（左圖），有著世界上最小的花朵之一（花朵聚集在環繞植物中心的微小黃色結構中）；而亞洲熱帶的大王花（下圖），有著世界上最大花朵之一、花的直徑可達一公尺長，聞起來有腐肉的氣味。這兩種植物有著相近的親緣關係。

約瑟夫・胡克好友、自然學家，也是基督教宣教士的威廉・科倫索，將六千餘份自紐西蘭採集的標本捐給了英國皇家植物園，另外也將毛利人的手工藝品捐贈給皇家植物園的經濟植物博物館，其中一項為圖片中這只人臉刺青圖騰的葫蘆瓶。

科倫索送至皇家植物園的金邊劍麻（*Phormium tenax*）。這種植物是毛利人的主要經濟支柱，當地人稱為 harakeke，用於編織或編籃。

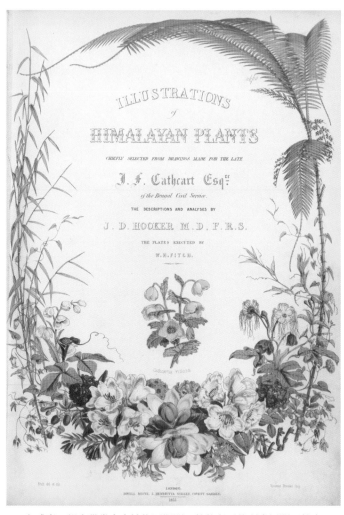

在威廉‧胡克職掌皇家植物園期間，他的兒子約瑟夫展開了始自
南極再至印度的大範圍旅行。他將他的發現發表在《南極植物誌》
與《喜馬拉雅山植物圖解》此兩本著作中，這兩本書皆由植物藝術家、
也是約瑟夫長期合作的夥伴──沃爾特‧胡德‧惠譽（W. H. Fitch）
負責繪製大量的植物插圖。

摘錄自約瑟夫《喜馬拉雅山植物圖解》（最左邊插圖）的蓋裂木（*Magnolia hodgsonii*）（以前稱蓋裂木屬〔*Talauma*〕），以及《南極植物誌》第一冊中來自奧克蘭和坎貝爾群島的坎貝爾島胡蘿蔔（*Anisotome latifolia*）。

普魯士自然學家亞歷山大・馮・洪堡在南美洲花了五年的時間（一七九九年至一八〇四年），將隨海平面高度改變而產生的溫度變化繪製出來，並繪製出幾張最早顯示植物分布範圍的地圖。

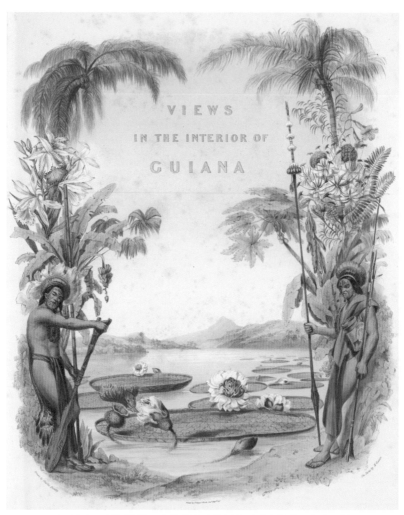

VIEWS IN THE INTERIOR OF GUIANA

一八三七年，當羅伯特・尚伯克探索英屬圭亞那內陸時，在伯比斯河
發現一種有著碩大漂浮綠葉與華麗飽滿花朵的植物。之後，這種植物被送到
英國植物學家約翰・林德利的手上，並命名為維多利亞女王蓮（*Victoria regia*），
後更名為亞馬遜王蓮（*Victoria amazonica*），即巨大的亞馬遜河睡蓮。

沃爾特·胡德·惠譽著名的亞馬遜河睡蓮植物圖解，其中包含碩大的葉片背面圖像，展現了由中心向外輻射延伸、如懸桁般的支撐，與提供乘載巨葉力量的支架。約瑟夫·帕克斯頓參考這樣的結構設計出植物溫室，以及一八五一年舉辦萬國工業博覽會的水晶宮。

在野外經由甲蟲授粉的睡蓮，開花初夜，開出的是白色的花朵，第二晚後再次綻開的花朵，便轉變成粉紅色。

蘭花熱：皇家植物園的植物學家在一七八七年首次成功誘發扇貝蘭（*Prosthechea cochleata*）（左圖）開花；很快地，英國的蘭花愛好者就開始瘋狂培植這種謎樣的植物。尤其是產自巴西的朱唇嘉德利亞蘭（*Cattleya labiata*）（下圖），特別受蘭花愛好者的青睞。

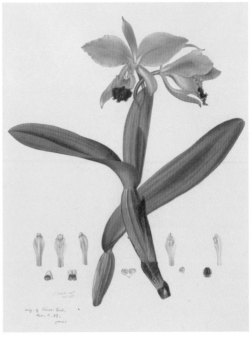

摘錄自《墨西哥與瓜地馬拉的蘭科植物》
史金納氏嘉德利亞蘭（*Cattleya skinneri*）
（現更名為*Guarianthe skinneri*）的插畫。
這本華麗且具分量的鉅著，是由稀有植
物收藏家暨園藝設計家詹姆斯・貝特曼
（James Bateman）所撰寫的。

貝特曼將大彗星風蘭（*Angraecum
sesquipedale*）的標本送給了查爾
斯・達爾文，這種蘭花有著用以
製造花蜜的極長蜜腺。達爾文據
此推測，應該有一種具有與蜜腺
等長之長舌蛾類，以這種蘭花花
蜜為食。一直要到一九九二年，
才捕捉到這種蛾類覓食的照片，
證實這項推測。

格雷戈爾·孟德爾觀察了豌豆的多種
形態，包括花朵，種子以及豆莢的顏
色。他在植物育種實驗的詳盡記錄對
了解遺傳性狀如何從親代傳遞到下一
子代上有巨大的貢獻。

艾里斯特·克拉克（Alister Clark）
在澳洲利用白薔薇（*Rosa gigantea*）
以及早期遺傳學家與植物育種者
相關的知識，創造出了可以適應
澳洲艱困氣候的新品種薔薇。

養室的金屬架上一字排開。皇家植物園保育生物技術團隊的主持人文森巴潤‧瑟拉森（Viswambharan Sarasan）拿起兩個裝有狗睪蘭（Cynorkis）種苗的培養皿，展示著真菌所扮演的作用：

「在實驗室的條件下，蘭花種子常規的發芽方式是使用培養基，裡面含有種苗生長必需的礦物質，維生素、糖分和有機添加物；在這個例子裡，我們添加的是蛋白腺（peptone），」他指著培養皿中三到四株綠色的小芽解釋道。「這意味著培養皿裡的植物在它們能進行光合作用（利用光能產生糖類供給植物生長所需，更詳盡的解釋請見第十一章）前，就可開始生長。然而在相同的環境條件下，不添加礦物質、糖或其他有機添加物，但加入了特定的菌根真菌，則種子會更快發芽，種子發芽的數目也增加了十倍。」拿起第二個培養皿，他繼續說：「看這裡的苗數。應該有近百個。共生真菌提供了種子發芽生長的理想條件。加入真菌後會產生更多植物、發芽速度更快，而且植物品質也好多了。」

學習如何在實驗室中培育蘭花，是保育馬達加斯加野生稀有蘭花的其中一步。最終的計畫，是皇家植物園的植物學家將能在實驗室中大量培育這些植物，並移至園藝苗圃中種植，最後以一種讓它們能變得自給自足的方式，在野外重新栽培這些物種。特別是有許多地區正面臨著伐木、非法植物採集、礦業與火耕農業的威脅，要讓蘭花能在其自然棲地再度繁榮起來，這是非常重要的一步。

「我們正在生產這些共生種苗，以供大規模的野放或復育工作，」瑟拉森說。「由於馬達加斯加的廣大幅員及其所需成本，

使得定期監測的工作變得非常困難。因此我們需要確保種回原本棲地的，是具有韌性的植株，好讓自然的復原過程能夠開展。當我們在六個月左右後回訪時，這些種苗應該還在原處，快快樂樂地繼續生長著。我們的終極目標是幫忙建立由實驗室培養、與真菌共生的珍稀或瀕危蘭花種苗，讓這些種苗最終在野外形成自給自足的族群。只有這樣，我們的工作才算是完成。」

因此，蘭花是個弔詭的謎。蘭科植物錯綜複雜的演化讓它們變得如此成功，成為目前世界上最具多樣性的一科。這科植物展示出令人難以置信的多種形狀和樣式：花朵有艷麗的嘉德麗亞蘭，也有蛛形的蜘蛛蘭（*Brassia*，蜘蛛蘭的形狀幫助它們吸引獵食蜘蛛的黃蜂授粉——蛛蜂叮螫蘭花的唇瓣，企圖抓住它的假想獵物，花粉因此沾黏在蛛蜂頭部；當它飛到另一株蜘蛛蘭上時，就順帶授粉在上頭）。過去幾個世紀，蘭花風靡了數百萬人，今日依然持續在園藝愛好者間有著高度評價。然而，它們也同時是地球上最瀕危的植物之一。此外，早期蘭花在世界各地間的轉手，助長了某些蘭花的繁殖，也讓它們開始顯露出性格中相當黑暗的一面：植物霸凌。例如，紫苞舌蘭（*Spathoglottis plicata*）原產於澳洲，且在當地屬於保育植物；但在波多黎各，它卻被認為是入侵種植物，涉嫌妨礙該國原生蘭花開瓣布萊特蘭（*Bletia patula*）的繁殖。如同植物學家逐漸了解到的，某國眼中的「皇家飾品」，也可能變成另一個國家眼中的雜草。

第 9 章

外來種入侵

PLANT INVADERS

Pl. VI.

J.D.H. del.   John Murray, Albemarle Street, 1854.   W.L. Walton, lith.

Kinchinjunga from Singtam (Elev.ⁿ 5000 f.ᵗ) looking West.

約瑟夫・胡克在喜馬拉雅山發現了許多過去未知的杜鵑花屬物種

康拉德‧羅狄吉斯（Conrad Loddiges）在倫敦建立他那著名 115
的苗圃之前，曾在荷蘭的哈倫近郊擔任園丁。在他種植的
許多珍奇植物中，有一種開著淡紫色花的常綠灌木相當吸引人，
它的原生地位於土耳其、高加索和西班牙地區。羅狄吉斯在一七
六一年搬到英國時，隨身帶了一些它的種子，並將它種在新雇
主——律師約翰‧西維斯特（Sir John Sylvester）爵士的哈克尼花
園裡。他是首次在英國種下這珍奇植物的人，但絕不是最後一
個。到了十九世紀中葉，皇家植物園的主任威廉‧胡克寫道：
「或許真的可以這麼說，沒有一種開花灌木可以像這東方物種，
這樣容易且已如此廣泛地被栽培，或已擁有如此龐大的交易量。
它比以往任何一個新品種都要更快地被命名為彭土杜鵑
（*Rhododendron Ponticum*）。」

威廉為他的兒子約瑟夫‧胡克的書《錫金—喜馬拉雅山區的
杜鵑花》（*The Rhododendrons of Sikkim-Himalaya*）寫了序。這部在
一八四九年到五一年間出版、一共三冊的巨著，展示了約瑟夫在
亞洲遊歷途中所發現的四十三種杜鵑。約瑟夫的信中也描述到他

116　在野外看見這些美艷出眾的植物情景:「這些美麗絕倫的杜鵑真是令人驚艷。山丘上有十種杜鵑,有緋紅、白色、淡紫、黃色、粉紅色,以及栗紅色的。整個峭壁都是它們綻放的花朵。」

　　約瑟夫‧胡克在三十歲時前往印度,進行植物採集之旅。他非常熱中旅行,並將植物從熱帶地區及他先前探險過的南極大陸帶回。對於旅遊目的地之選擇,他深受父親威廉影響,威廉總是相當積極地尋找新的植物,並將其引進植物園。一八四八年,約瑟夫造訪大吉嶺(Darjeeling),他對當地的風景和植被有著深刻印象:

> 在煙雨迷濛中,我抵達了大吉嶺,周遭的能見度不超過十碼,更別說是直線距離六十英里以外的雪山山脈了。在翌日清晨我初次看到了山景,幾乎是帶著敬畏之心、屏氣凝神地眺望著它。六或七座由森林覆蓋著、幾乎跟我所站之處一樣高的連綿山脈,橫亙在我和閃耀的雪山之間……它那直衝雲霄的輪廓,映射在淺藍色的天空之上;在最高的山峰,有小片的雲霧散落著,被剛升起的太陽染成了金黃或玫瑰紅的顏色,彷彿像某些崇高悠遠的什麼,下凡落入了我所處之地。

在當地的英國人與雷布查挑夫(Lepcha,雷布查人,或錫金人所稱的絨巴人,為錫金的族群之一)的協助下,胡克收集到數量龐大的杜鵑屬植物,而在經過栽培之後,他的戰利品更是大大地增加。不過,收集這些植物並不是件簡單的事:

> 我戒慎恐懼地待在一萬三千呎的高山，執意要收集到這
> 些杜鵑的種子，但冰凍的手指使這項工作更加不易執
> 行……。在這長征中，為了研究而進行的植物採集工作
> 很是艱難。有時候叢林中枝葉密布，光是顧好頭上的帽
> 子和眼鏡就夠忙了，或是山路陡峭……通常得採大字形
> 貼著懸崖邊緩慢地行走上一段距離，並踏著底下就是無
> 底深淵的棧道前進，甚至找不到任何手扶之處。

117

　　當中也遇上了一些政治阻礙。在大吉嶺北部的錫金人領袖非常擔心，英國的一舉一動都會挑起中國的干預。但在印度政府的壓力之下，一八四九年他勉為其難地核准了胡克一行人的通行許可，條件是他們不能前往西藏隘口。但是植物對胡克的魔力實在太強烈了，他抗拒不了誘惑，便跨越邊界進入西藏，找尋更多杜鵑花屬的植物，及藍花、粉紅花與紫花的櫻草屬植物。最後他被錫金人領袖逮捕軟禁，而英國以出兵做為威脅，一行人才得以被釋放。

　　書中胡克對植物的詳細描述，以及植物畫家沃爾特・胡德・惠譽（Walter Hood Fitch）手繪的精美插圖，使園藝學家深深沉迷，並引發了一場杜鵑花熱。錫金之旅所帶回的種子，分別給了包括查爾斯・達爾文和約瑟夫・帕克斯頓在內的二十一位人士，八個歐洲植物園，十九個蘇格蘭、英格蘭和愛爾蘭的杜鵑花園，以及十一處大英帝國的苗圃。尤其是那些喜好用蓊鬱灌木樹叢來妝點宅邸的富麗堂皇地主們，更是熱中於培植與雜交配種。他們以彭土杜鵑為砧木，將胡克的錫金種杜鵑扦插其上；當狩獵活動

在一八六○年後期開始流行之際，人們於樹林下栽種杜鵑，做為
野地狩獵的掩護。

　　胡克曾在旅途中見識過蘭花獵人所帶來的浩劫，於是他開始
思考人類對這世界植物生態可能造成的長期影響；他是最早開始
這樣反思的植物學家之一。當一八八二年皇家植物園的某個畫廊
開幕、展出瑪莉安娜・諾斯（Marianne North）這位遊歷甚廣且
充滿冒險心的植物畫家畫作時，他深思著：

> 參觀者可能會樂意被這樣提醒：這麼多的畫作，共同展
> 現出令人驚奇、獨一無二的真實生動場景，以及植物界
> 中的諸多珍奇物種；然而，旅行者雖然仍可親身去體
> 驗，遊記讀者也能從書上熟知這些植物──但它們其實

維多利亞時代皇家植物園的杜鵑溪谷

都在迅速消失中，或即將消逝於刀斧與森林大火，及拓
荒者或殖民者的開墾中。大自然永遠無法復原這樣的景
象，一旦被消滅了，我們的心靈之眼再也無法描繪出同
樣的情景，我們及後代子孫只能藉著這位女士的紀錄，
才能一探究竟。

然而相當諷刺的是，約瑟夫・胡克當時展出的杜鵑花屬，卻 119
在無意間引發了一連串的事件，為一百六十五年後的英國鄉間帶
來了一場浩劫。他的父親威廉發現，彭土杜鵑在英國的土地上很
容易種植。它不但能產出上百萬顆種子，也能從根長出吸芽
（sucker）來繁衍，或是藉由碰觸到地面的枝條（形成根部）蔓
延開來。它能快速適應新環境並大量繁衍，因此讓它從一個迷人
的外來種變成了一個激進的入侵種。吉姆・恩德斯比指出：「現
在英國的大部分土地滿布著那些從人們的花園中逃脫出的杜鵑
花。他們長成了密密麻麻的灌木叢，在有些地方甚至還將原生植
被逼到牆角。」然而，在十九世紀各國間競相傳遞外來種的風潮
下，杜鵑花並非是唯一一種在新的土地茁壯繁盛的植物。

當今許多對環境造成嚴重問題的「雜草」，都是當初特意被
引進的物種。它們具有某些特質，讓它們能成為花園中最亮眼的
勝利組，例如巨大的樹型、珍奇的花朵和碩大的葉子——而這些
特徵也使它們成為了最佳的入侵者。導致這類植物到處散播的禍
首之一，應屬「野生花園」運動；它是由園藝家兼記者威廉・羅
賓森（William Robinson）所倡導的活動。羅賓森不喜歡一些了
無新意的正統花園景觀，例如那些種植於水晶宮四周的植物。相

較之下，他偏好從英倫列島以外的地區取材，來建造他的「自然植物界」花園。他在一八八三年發行《英國花園》（*The English Flower Garden*）這本頗具影響力的著作中，提出了他的野生花園概念。羅賓森說道：「基本概念就是：將一種極為堅韌的外來植物放到一個它們可以適應、並自力更生的環境。」像杜鵑花這種活力旺盛、吸引眾人目光的植物，正符合此條件。

120　　包含野生花園運動、植物獵人，苗圃和植物園在內，都是引進這些令人頭疼的侵略性物種的凶手之一。這些行動加總起來已產生超過一個世紀的影響，平均算來，現今世界上每個國家都有五十種嚴重的入侵植物及動物。假如有適合的生活條件，這些外來植物可能會顛覆植物、動物和真菌間脆弱的自然界平衡，進而

《開放的植物群集與非正統規畫的花園露臺》，
出自威廉·羅賓森，《英國花園》，一八八三年

摧毀整個生態系統。誠如皇家植物園英國海外領土與保育訓練組組長柯林・可拉比（Colin Clubee）所言：「當一些極具侵略性的入侵種被引入極小的區域時，它們的數量將會產生爆炸性的增長，並且快速地散播開來，接著強勢地與原生植物競爭養分或光線，排擠它們的生存空間，最後導致原生物種的衰減，甚至滅絕。」

馬纓丹（*Lantana camara*）即是這樣的一種植物侵略者。帶有耀眼金黃色花朵的馬櫻丹是一種常綠灌木，在英國通常做為裝飾性的灌木植栽。它恰恰擁有成為一個成功侵略者的關鍵特質：它能在擾動土的環境裡生長良好，可以快速蔓延，受到損傷之後也能迅速地從基部重生。它的原生地位於南美洲，由荷蘭探險家帶回歐洲，而後傳到了世界各地。

馬纓丹在一八〇七年被引進加爾各答（Calcutta，現稱Kolkata）植物園，做為圍籬之用。一個世紀之後，一位在印度的大英帝國林業局（British Imperial Forestry Service）工作的德國人迪區克・布蘭迪斯（Dietrich Brandis）記錄，這個植物已經「生機蓬勃地」散布到錫蘭和印度半島，成為落葉樹林中「最麻煩的雜草」了。五十年之後，狀況更加惡化。據林務人員迦耶戴夫（T. Jayadev）所述：「它已經形成了密不透風的灌木叢，占滿了整個年輕柚木的種植地。」即使試著將這些植物連根拔除，還是沒辦法消滅他們，並且這個問題仍持續至今。印度估計，每年花在控制馬纓丹的費用高達每公頃九千印度盧比（八十八英鎊）。現今已有六百五十種馬纓丹的雜交品種，在六十個國家和群島地區造成巨大的浩劫。

　　島嶼地區對這些入侵種的威脅更無招架之力。約瑟夫・胡克在一八七六年造訪阿森松島（Ascension Island）時，他描述了在這島上特有的低矮植物——阿森松翠蕨（parsley fern〔*Anogramma ascensionis*〕），它有著類似香芹小枝般纖細的黃綠色葉子。但它最後一次被發現的紀錄是一八八九年，在這之後它幾乎被遺忘了；直到一九五八年，英國科學家艾克・達菲（Eric Duffey）才又在綠山（Green Mountain）的北面發現它的蹤跡。但往後的數十年當中，科學家們不斷地尋找，卻都未能再次發現它。於是科學家在二〇〇三年宣告，阿森松翠蕨已成為滅絕植物。造成它滅絕的原因，就是引進了鐵線蕨（maidenhair ferns〔*Adiantum species*〕），鐵線蕨強勢地占據了阿森松翠蕨所偏好的岩壁棲地。不過在二〇一〇年時，故事有了新的發展。當阿森松島保育部（Ascension Island's Conservation Department）的成員們攀登綠山南坡下的一處刃狀山脊時，在一塊光禿的岩石上瞥見了一株有細小蕨葉的植物。他們認為這應該就是失落已久的阿森松翠蕨，於是進一步地蒐集更多的樣本，並發現了四株微小植物。

　　這項發現促成了一個保育計畫行動，相關單位開始收集這類脆弱植群的孢子，然後放置於無菌的容器中，迅速地送到島上的機場，接著送到牛津郡布萊茲諾頓皇家空軍基地（RAF Brize Norton），再由一輛待命的接駁車將孢子送往皇家植物園。皇家植物園能夠培育大量的植物，而在阿森松島的團隊也能將一些孢子培養發芽，讓他們長成成株。這些夥伴們希望可以透過眾人的努力，在阿森松島上成功復育阿森松翠蕨。但他們首先必須處理的問題，就是鐵線蕨的入侵。

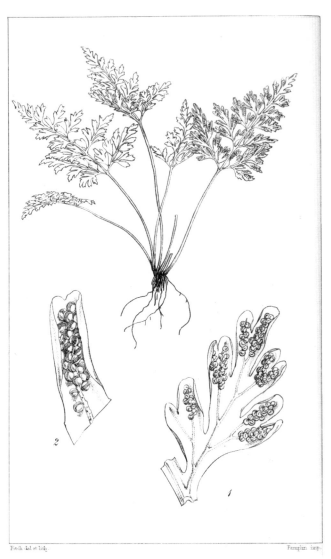

阿森松島的阿森松翠蕨，沃爾特‧胡德‧惠譽所繪

「我們現在正進行試驗，清除小規模的鐵線蕨，盡量整理出一個適合阿森松翠蕨生長的棲地，使它們在野生環境中能夠自力更生，」可拉比解釋著。「我認為，我們一定會繼續利用一些園藝技術，試著保持田野間競爭物種的平衡，來持續進行這類的保育措施；一旦我們發現入侵種開始在該棲地形成優勢，就會積極採取措施來介入。」

然而，這些嘗試清除入侵種的方法，通常都以失敗告終，而管控計畫的經費也高得難以維持下去，因此需要新的方法。（根據世界銀行二〇一〇年的數據）在印度約有百分之三十二點七的人口每天靠著不到一點二五元美金（七十三便士）過活，而無處不在的馬纓丹卻能提供這些窮人另一種生計：它的莓果相當可口（對鳥類而言也是一樣美味，卻也因此藉鳥類採食到處傳播內藏種子），因此可用來製成柑橘醬或果醬。同時，鄉村的家庭工廠也可利用馬纓丹這種豐富資源，來從事造紙或編籃工作。

「這使得管控入侵種的問題得到了解決，」英國公開大學地理系的助理教授尚農・巴格圭特（Shonil Bhagwat）說。「保育學家關心的，是如何在生態系統中維持特有種或瀕臨滅絕物種的永續生存。我們藉著將馬纓丹控制在界線範圍之內，使編籃的工作得以繼續維持，這樣便能夠創造一個雙贏的解決辦法。」

柯林・可拉比認為，在混合的棲地中，對入侵植物與原生植物兩者並行實施管理，可能是最好的方法；當氣候變遷進一步造成世界各地植物的分布轉移改變時，更是如此。而且，正如後面會證明的，並不是所有被維多利亞時代的科學家們引進新棲地的外來物種都是有害的。

　　阿森松島的綠山為上述論點提供了實例，展現了由一群非原生植物所形成的一個生意盎然的生態系統。今日，蓊鬱的雲霧森林覆蓋著這座綠山，但這座森林卻不是原始林。事實上，這島上只有大約二十五種原生植物，而當中有十種是該島的特有種，人們無法在其他地方找到。

　　關於綠山是如何被樹林所覆蓋的故事，可以回溯到達爾文小獵犬號（the *Bagle*）的遠征。一八三六年時，達爾文小獵犬號在島上停留了四天，那時英國已經在阿森松島上開墾定居，英國皇家海軍也早在一八一五年起開始利用該島做為戰略基地（當時拿破崙被囚禁在附近的聖海倫島）。達爾文在島上的「沙漠火山岩」漫步時，突發奇想地構思了一個點子，那就是將這島變成一個綠洲──一個「小英格蘭」。

　　達爾文的朋友約瑟夫‧胡克，在一八四三年首次拜訪了阿森松島，那時它已經是個繁榮的帝國前哨了。唯一限制它繼續擴張的，就是無法取得淡水。而現在，達爾文與胡克分享了他的想法，兩人便一起籌畫克服這項難題。他們的目標是在阿森松島上植林，收集雨水，減少水分的高度蒸發，並創造豐饒的土壤。而皇家海軍也亟欲使小島能自給自足，因此相當積極地協助他們，加上來自約瑟夫的父親、皇家植物園的威廉的熱心幫忙，一船一船的植物便自一八五〇年起陸續送抵阿森松島。到了一八七〇年代晚期，尤加利樹、南洋杉（Norfolk Island pine）、竹子和香蕉都已在這島上立足，相互爭奪島內的生存空間。正如達爾文和胡克所預期的，現今這些引進的植物群落收集了來自周遭大西洋的水氣，降低了島上的乾旱。

　　今日，阿森松島的雲霧森林展現了一個嶄新的生態系統，這個系統是由兩百到三百種非原生種、原生種、入侵種以及歸化種所構成。皇家植物園這項具歷史意義的舉動——將植物引進阿森松島，本質上可說是全世界第一個「星球改造」的實驗；他們造就了一個自給自足的生態系統，幫助這個島更適合居住。由於專家預測氣候變遷對未來的衝擊將日益增加，植物學家現在已開始將綠山視為一個範例，示範未來要如何以非原生物種來「創造」一個有功能性、具彈性的生態系統。雖然那些極端的入侵種總會被視為「敵人」，但其他的非原生物種，則可能在一個有著大量原生物種的生態系統中扮演支撐系統的角色。

126　　儘管如此，皇家植物園與島上的保育學家們所面臨的困境，仍是如何拯救瀕臨滅絕的阿森松翠蕨，以及持續管控馬纓丹和彭土杜鵑的生長。這些工作說明了，要保持原生種和外來種之間的平衡何其困難。現在，經科學家們鑑定出的植物新物種仍以每年兩千種的速度在增加，而未知的植物搗蛋鬼可能正在蓄勢待發中。我們必須仔細查明，為什麼有些植物可以在原產地以外的環境蓬勃生長，這也是在一八八四年的時候困擾達爾文的一個難題：「有許多植物似乎天生就可以到處生長，但其他的種類似乎在原生地以外的地區都無法生長。」探究阿森松島上如何產生出一個平衡的生態系統，或許能協助我們思索出方法，來處理未來的外來入侵種。

第 10 章

雜交豌豆的多樣形態

PATTERNS FROM CROSSED PEAS

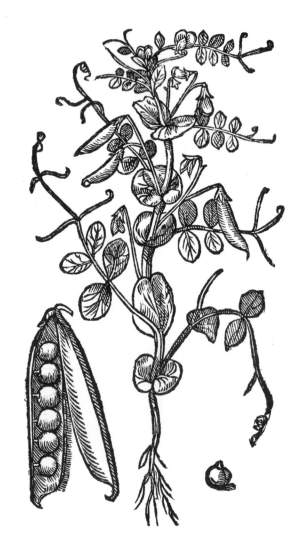

豌豆植物，引自約翰・傑勒德著作《植物學史》，一六三三年

格雷戈爾・孟德爾（Gregor Mendel）或許可能成為歷史上最 129
偉大的科學家。多才多藝的孟德爾，他的職業生涯由擔任
園丁開始，之後在奧古斯丁修道院當見習修士時接受教師訓練，
最後獻身於多樣的科學領域中，包含了天文學與氣象科學等等。
但上天賦予他的真正使命，是成為一位植物學家；今日孟德爾之
所以受到人們高度崇敬，就是他在自己的花園裡種植豌豆，進行
了一系列實驗，為當代揭開自然遺傳定律。其前瞻性的研究工
作，為現代遺傳學研究開拓了一條大道。但其實，是因為有幸運
之神眷顧，孟德爾才得以不被世人遺忘。

　　孟德爾必須非常努力維持他的科學研究事業，因為他得面對
自由學術思想的兩個最大敵人——金錢與時間。早期他嘗試當一
位在學校教書的老師以維持生計，但最終因無法通過考試而失
敗。而孟德爾那篇最終被確認至為重要的植物學論文，當初只發
表在一本默默無名的期刊內，並沒有引起當代太多關注；在他發
表後的三十五年內，只被引用了三次。達爾文甚至不知道這篇文
章的存在。而當孟德爾的想法重見天日時，還引起了一場激烈的
辯論，直到他的見解經過驗證、補充、延伸後，才被公認是一個 130

至關重要、生活中不可缺少的觀念，從烘烤麵包到控制疾病皆受它的影響。幾乎在一夜之間，這位無名的神父便成為了現代遺傳學之父。

就像那些多半會被神化的指標性人物一樣，孟德爾也是個半神話一般的人物。我們或許可以想像一下：一個並不起眼的、教育程度不高的奧地利修士，在修道院的花園裡專心地種植豌豆，直到晚禱鐘聲響起，喚醒專注的他前來祈禱。這樣的想像只在某些程度上是真實的：格雷戈爾‧孟德爾不是奧地利人，也不是一位修士，甚至他的名字也不是叫格雷戈爾（Gregor）。

約翰‧孟德爾（Johann Mendel）於一八二二年出生於現今捷克境內的一個德國家庭，在當時是奧地利帝國的一部分。自小在農場成長的孟德爾，年輕時曾經擔任過園丁與養蜂人。如同當時一些著名的思想家與作家一樣，孟德爾自小身體孱弱，很長一段時間無法接受正式的學校教育，曾經有一整年的時間都無法到學校學習。但在一八四〇年，他進入了奧洛穆茨大學（University of Olomouc）就讀。雖然經歷了幾次低潮，在三年之後他還是以優異的數學與物理成績自學校畢業。

在十九世紀時，架構起智慧的兩大樑柱——科學與信仰，這兩者之間存在著明顯的創造性張力。許多當代領袖人物在這兩個領域都有深刻的造詣，比如達爾文就曾受訓成為一位英國教會的牧師。儘管我們對孟德爾的信仰本質所知有限，但顯然地，他的宗教與他在科學上的個人形象相輔相成，塑造出一種開明和具前瞻性的共生形象。孟德爾的物理學老師弗里德里希‧弗朗茨（Friedrich Franz）建議他循奧古斯丁會派的職業路線來做生涯規

畫，因此孟德爾進入了聖多默隱修院（Abbey of St Thomas）修習，也因此改名為格雷戈爾。與那些在較封閉的修道院環境中修行的僧侶不同，托缽會修士（friars）的生活與工作都是在社區裡面。孟德爾被指派到高中擔任教師，但是他的教師資格考失敗了，在取得正式教師資格的三項考試中，最後一項口試他並未通過。在一八五一年時，隱修院的院長奈普（C.F. Napp）送他到維也納大學克里斯蒂安‧都卜勒（Christian Doppler）（都卜勒效應的發明者，該效應解釋了為何救護車在經過我們時，警笛聲的頻率會改變，以及解釋了銀河系的大小）麾下學習物理。兩年後，孟德爾回到聖多默隱修院，原本想當物理老師，但他再一次地被資格考打敗了，屢次口試皆鎩羽而歸。我們可以窺見這樣一個早期的例子：一位聰穎的科學家在語言上的掙扎。無論如何，他在一八六七年找到在中學教書的工作，最後他也繼承奈普，成為修道院院長。

131

　　孟德爾在科學之路初期所有微賤無聞的事蹟，恰恰示範了一位科學家的名字是如何地成為某種思想的代表標誌；而這種思想，實際上是經由多位志同道合的當代先驅們共同激發所產生。約翰‧卡爾‧內斯特勒（Johann Karl Nestler）是孟德爾當年奧洛穆茨大學自然歷史暨農業學系的系主任。當孟德爾來此就讀時，內斯特勒正進行一系列與動植物遺傳性狀相關的實驗。正如他每日例行誦讀的詩篇句子：「一代傳一代」（in generatione et generatione），孟德爾開始對外表及行為特徵如何遺傳給下一代的問題產生興趣。除了有內斯特勒與弗蘭茲當他的導師，孟德爾在聖多默隱修院的同袍也給了他許多有建設性的鼓勵與幫助。

　　回到托缽會修院之後，孟德爾開始利用蜜蜂與老鼠進行實驗。但這兩條研究路線都因為不同原因而陷入困境：雜交後的蜜蜂變得極為凶猛，必須消滅牠們；而老鼠實驗的難題，則是當時的主教並不贊成老鼠的交配實驗。因此，孟德爾轉而取材豌豆來進行實驗。

132　　他觀察豌豆植株的多種性狀，包含植株高度、種子的平滑程度與種子的顏色。他在不同植株間進行異花授粉，並且詳細記錄那些遺傳到下一代的特徵以及過程。舉例來說，他將結黃色豆與結綠色豆的植株進行雜交，並藉著重複大量相同的實驗，以去除那些純粹因機率而產生的結果。當雜交植株的第一子代開花結果時，結出的全部都是黃色豌豆，因此有了以下的結論：豌豆的種子應該有三種形態，純種黃色、純種綠色以及混色（雜交種的麻煩製造者），雖然這些子代的種子都是黃色的，但下一代還是能結出綠色的種子。孟德爾使用「顯性」與「隱性」的概念，來說明親代的性狀如何傳到下一代。一棵植株的每一種性狀皆分別遺傳自它的親代，一半來自父本，另一半來自母本，兩者一起影響了子代的性狀。比如說花瓣的顏色，如果其中之一為顯性而另一半為隱性，那麼子代所顯現出來的，只會有顯性性狀。一八六六年，這個奠定日後遺傳學定律基礎的實驗結果發表於科學期刊上，並被命名為「植物雜交實驗」。

　　表面上看來，孟德爾的實驗似乎只是把育種者長久以來已知的現象重現出來：在經過數學計算之後，大部分的雜交子代最終都會回復到親代的性狀。但孟德爾運用系統化的方式來處理這個遺傳問題。多虧孟德爾的實驗方向，使現代科學得以建立數學模

式來進行雜交研究，雖然在當時仍不清楚這一切過程如何發生；
孟德爾雖然知道雜交過程的果，但還無法解釋因是什麼。

　　當孟德爾接任修道院院長後，他必須將所有時間用在處理行
政事務及同事間雞毛蒜皮的爭執上，因此實驗的事務便得擱下。
另外他也為了修道院的稅務問題，與地方政府掀起一場不太體面
的爭議。在他去世之後，修道院的繼任者便一把火將他所有的科　133
學與行政事務文件燒個精光，讓這一切畫上句號。

　　孟德爾就這樣無聲無息地逝去了——這樣的說法是不正確
的。做為修道院院長的他，在某種程度上仍算得上是一號人物，
因此在他的喪禮上，年輕的捷克作曲家萊奧什・楊納傑克（Leoš
Janáček）還為他演奏了風琴。而與遺傳學論文所得到的回饋全然
不同，孟德爾的其他科學著作倒是眾所皆知。他在一八六五年創

書冊來自捷克布爾諾聖多默隱修院孟德爾博物館內的圖書館

辦了奧地利氣象學會，他所發表的論文中大部分都是關於氣象的研究。孟德爾關於綠色、黃色豌豆的論文在當時雖然沒有得到太多關注，但是到了一九〇〇年春夏之際，就在孟德爾逝世十六年後，也是論文發表的三十四年後，有三位植物學家不約而同、各自獨立地重複了孟德爾的實驗，證實了孟德爾幾十年前就已經發現的遺傳定律，並且同時發表在德國植物學會刊。這三位科學家互不相識，他們分別是許霍・德弗里斯（Hugo de Vries）、卡爾・科倫斯（Carl Correns）以及伊里希・馮・謝麥克（Erich von Tschermak）。雖然孟德爾在一八六六年所發表的文章在當時沒有吸引到世人的眼光，但這幾位植物學家將它發揚光大，沒讓孟德爾就此被埋沒。他們不僅發揚了孟德爾的學說，更將科學帶入了日後所稱的「遺傳學」時代。基因的世紀就此展開。

134

到了這個時期，生物學的發展已有了重大改變，更凸顯出了孟德爾論文的重要性。孟德爾雖然揭開遺傳的事實，但還不明瞭過程是如何發生的。在二十世紀的前數十年中，許多有關細胞與染色體（細胞裡攜帶「基因」或遺傳訊息的構造）的科學研究與知識，讓孟德爾的想法得以更加落實。

遺傳研究發展至此，大部分有見地的科學觀點，都傾向「融合遺傳（blending inheritance）」的概念，亦即親代雙方的性狀是以融合的形式承繼給子代。然而，達爾文式的演化論主張須有變異產生之後，天擇才能介入影響。另外，那些新形成的、不常見的，以及有助益於適應環境的變異，也需要某些機制來幫助他們能在野生的自然環境中保持下來。這被懷疑論者拿來冷嘲熱諷：如果這些新的、有用的性狀，在經過幾次的異種交配後被簡單地

稀釋掉，最終只留下與大多數族群相同的普通性狀（經過多代融合雜交之後的邏輯性結果），那麼新的變種與物種便無法繼續演化下去，如此一來達爾文的理論就不能成立。因此，演化論需要一種新的遺傳模式來解釋。這就是後來大家所熟知的遺傳「粒子」說（particulate theory）。

德弗里斯、科倫斯及馮‧謝麥克認為，孟德爾的研究結果證明了下列幾件事。第一，證明了父代與母代的性狀對子代性狀的影響是相等的。我們現在雖然認為這是個理所當然的事實，但在這之前卻從來沒有被證明過。第二，說明了親代的影響是如何地傳承到子代。

孟德爾的研究成果為達爾文與德弗里斯的困惑提出了一個漂亮的解答。他們兩人的疑問是：在一個群體，一個新形成的演化性狀是如何透過子代傳承下去，而不至於淹沒、消逝於群體內那普遍的「一般」性狀之中？解答是：透過遺傳「粒子」，而非融合遺傳。顯性與隱性基因的概念，是最好也最簡易的科學見解。這個原本默默無名的見解經過發揚之後，激發了對許多問題的新想法，從如何餵飽不斷增加的世界人口，到如何篩選遺傳的疾病等均是。

遺傳學能成為一門專業科學，德弗里斯功不可沒。他認識達爾文，也喜歡達爾文。德弗里斯在一趟英國的旅程中（也參觀了皇家植物園並且與胡克吃了一頓不太愉快的晚餐），花了一天的時間跟一些年長學者相處，一起討論他們感興趣的、互相重疊的研究領域。這給了德弗里斯好好觀察達爾文本人特質的機會。

比起達爾文的肖像畫，他本人有著更明顯深陷的眼眸，和更長的眼睫毛。他又高又瘦，細長的手臂拄著拐杖緩步地走著，不時需要停下來休息。他相當注意自身的健康，甚至很怕被穿堂風吹過。他的演說很生動，令人歡快也感覺親切，不疾不徐地，表達得非常清楚。他的友善和親切令人印象深刻，因此和他在一起相處時非常自在。這點跟胡克與戴爾相比，真是太不同了。他們很冷淡，我一點也不在乎他們。我很享受這次與達爾文的會面，讓我最後這些天覺得愉快許多。知道有人真正關注你以及你的研究成果，這真是件令人開心的事情。

136　　德弗里斯後來的研究，替達爾文未臻完善的理論及孟德爾被忽視的研究搭起了一座橋樑。

　　威廉‧貝特森（William Bateson）是孟德爾研究工作另一個重要的代言人。他的故事是這樣的：貝特森前往倫敦英國皇家園藝學會演講，在火車上好整以暇地閱讀著孟德爾的論文。他馬上就發現，他的想法與孟德爾的研究不謀而合，他立刻撕掉他的講稿並且重寫。但事實上這次旅行的時間點，一九〇〇年五月八日，透露出他讀到的比較可能是德弗里斯後來延續孟德爾研究的論文。

　　對貝特森而言，孟德爾的研究結果，正是終結長久以來遺傳與環境效應間爭論的關鍵。他的想法較傾向接受兩代間性狀的突發性改變（也就是所謂的不連續突變），而非達爾文派學說的緩慢改變。孟德爾的理論強調清晰明確的「有」或「無」的「單一」

性狀，即綠色或黃色種子，圓形或皺皮種子，這正好與貝特森不連續變異的理論相符合。生命或許仍然是一場機會遊戲，但現在這場遊戲的規則已經進入科學的掌控了。

貝特森成了孟德爾理論宣傳者當中最出色的人之一，他的聽眾如癡如醉地跟隨著他。當他提起在火車上那稍稍被加油添醋過的驚喜頓悟時刻之時，他完全就是個最棒的溝通者與天生的公關。同樣地，植物育種者也很快地發現貝特森所描述的現象之潛能：假如科學能夠保留作物中的最佳性狀並傳至下一代，而非只是靠運氣，那麼孟德爾的遺傳理論將會是他們最好的工具，讓他們能獲得最大的產量，以及利潤。

貝特森透過演說來宣揚孟德爾，而劍橋第一位農業植物學教授羅蘭‧彼芬（Roland Biffen）則是透過實作來實踐。彼芬相信，英國的農家如果可以擁有更強壯的新小麥變種，就可以對抗來自美國或是加拿大、所謂的「穀物入侵」。當他在進行小麥的抗病研究時，他發現患病株與抗病株的分布比例相當接近孟德爾的遺傳定律。因此他相信，可以依照類似的方法，將美國小麥中強壯的基因轉移到英國的小麥。彼芬收集了來自世界各地的小麥和大麥，然後開始雜交實驗，而他果然成功了。實驗結果所得到的穀物較不易得病，麵包的生產因此更加有效率、更加穩定，也有了更多的收益。

一直以來，即便在今日，雜交對於園藝家、廠家、農夫與制定政策者，都是一項有力的工具，它可以幫忙解決所有的問題：耐鹽、抗病、調控花期，以及增加果樹的產量。舉個例子來說，我們要如何讓不適合栽種玫瑰的澳洲長出玫瑰呢？艾里斯特‧克

羅蘭・彼芬，小麥遺傳學家先驅，一九二六年

拉克（Alister Clark）啟程到澳洲，試圖培植出耐熱耐旱品種的玫瑰，能在澳洲炙熱又乾燥的夏天綻放。皇家植物園園藝主任理查・巴里（Richard Barley）描述了在他童年時，於南半球初次看到克拉克的研究成果之情景：「他收集了像巨花薔薇（*Rosa gigantea*）這樣的植株，育種出二、三十種變型的美麗薔薇，然後全都以朋友們太太的名字來命名。所以它們就有著像『瑪喬芮・帕爾默』之類的名字。我家郵箱旁就種了一株，它長得就像故事裡的巨大怪物（triffid）一樣，滿布著可怕的刺。」

遺傳學使人們可以控制、操作，甚至設計創造植物（之後還應用到動物身上）。植物學已經轉變成了植物科學。在雜交育種的基礎之上，更進一步地將這樣的概念帶入實驗室，以人工方式來建立基因特質，也就是現在眾所周知的基因改造，或基改（GM）。對有些人而言，這樣的演變或許令他們無法接受。自然

界有其緩慢的步調、值得信賴的機制來進行淘汰，而我們是否因為規避了它，而創造了潛在的危機？還是我們只是單純地將自然界的職司做得更好？當「基因的世紀」來臨的同時，它也為自身帶來了挑戰。

第 II 章

向光生長

TOWARDS THE LIGHT

Pl. 2

Bosra del.   Gabriel Sculp.

BETULA populifolia.

White Birch.

樺樹的葉子

為什麼樹會向上生長呢？ 141

有些樹種真的能一直往上生長，不斷地延伸。在皇家植物園的一個角落裡，也就是在報導中那個世界最大的堆肥區附近，有個看起來令人暈眩、相當壯觀的天空步道。順著階梯往上攀爬到頂端，是一個由金屬網與鋼柱做成的巨大蜘蛛網，它那宛如秋日般柔和的紅，是經過特別設計鏽鑄而成。到了頂端，你會發現你已身處在皇家植物園中最棒的一些樹冠層中，像是甜栗（sweet chestnuts），萊姆（limes）和橡樹（oaks）等等。

這些樹木都在工作著。它們歡暢地將枝葉伸展而出，向著地球上所有生命賴以為生的、最重要的能源汲取能量——也就是太陽。然而直至最近，科學家們才真正了解它們是如何吸收能量的。而那個讓它們長高的關鍵，正是它們身上的綠色。

該關鍵是一種叫葉綠素（chlorophyll）的生物分子，它是植物體從光源中吸收能量的因子（同時也是植物呈現綠色的原因）。葉綠素這個名詞是在一八一〇年左右發明的，是由兩個希臘字衍生而來：「chloros」指的是淺綠色，「phyllon」是葉子的意思。一九一五年，恰好在一個世紀之後，獲頒諾貝爾獎的里夏

德・維爾施泰特（Richard Willstätter），就是因為提出葉綠素的作用機制與功能而獲獎（也是第一個頒給植物學的諾貝爾獎）。

142　　　植物從天空與土地吸取養分。其營養與水分由根部吸收，其食物則在葉子生成。植物利用從陽光吸收的能量以及從空氣吸收的水與二氧化碳，在葉子裡合成葡萄糖及澱粉，並排出生產過程中的廢物副產物——氧氣到大氣中。這個過程就是所謂的「光合作用」。

　　這是一個簡單卻重要的作用，是地球上所有環環相扣的生命當中最不可或缺的一個齒輪。隨著它的神祕面紗被揭開，許多科學上的未解之謎都得以找出頭緒，包含環繞在我們四周的空氣組成成分為何，還有植物，甚至包含我們人類在內的地球萬物如何賴以為生的問題等等。它也為二十世紀的植物化學奠定了基礎。

　　古希臘人認為，植物是從土壤中吸取養分的。如同他們的其他許多見解，這些古典思維都在文藝復興時期被重新檢視。十七世紀時，約翰・芮（John Ray）曾對自己提問：植物如何對抗地心引力，將水分往上輸送。他因此發展出了毛細運動理論的雛型。另外一位博物學家史蒂芬・海爾（Stephen Hales）（他白天的工作是特丁頓的教會牧師，並在閒暇時間進行植物研究），則認為樹的汁液就像是動物的血液一般，他設計了實驗來探討這個問題。非常關鍵的是，海爾對植物如何利用水分的問題越來越感興趣，他也是第一位對葉子的蒸散作用進行測量的研究人員。對於要了解植物體內的吸收機制，這真是一個至關重大的時刻。

　　至此，球場已經整好地了。該是重點選手約瑟夫・普利斯特里（Joseph Priestley）上場的時候了。

　　普利斯特里是他那時代的一個典範人物。他是混合了英國思想家與夢想家的綜合體，對宗教極度狂熱，是政治激進分子與啟蒙主義者，同時也有著強烈的叛逆個性與廣泛的知識。他的著作涵蓋了文法、電學、功利主義哲學，以及唯一神論的神學等等。他熱中於法國大革命，然而當他的住家被暴民燒毀，故逃到美國賓夕法尼亞州的鄉下時，他仍不畏艱難地創立了一個新的團契，奉獻給上帝與他的信仰。

　　如我們所知，很多歷史上的科學界先驅，他們同時也都是神學的專研者。普利斯特里是一位異議教派的牧師（也就是非屬英國教會）。他十五歲的時候因故而幾乎喪命，存活下來後，留給他的除了終身口吃的毛病，就是對宗教信仰與教義探索的全心迷戀。與他一起生活的姑姑總想培養他當上牧師（他四歲時已能背誦一〇七個教義的問答），但是疾病讓他的學業得不時中斷，於是他盡可能地利用各種學習形式與閱讀來充實自己，包括了哲學、形而上學，以及其他外語（法語、義大利語、德語、迦勒底語、敘利亞方言和阿拉伯語）。

　　普利斯特里在植物科學上的主要貢獻是，他認為環繞於我們四周的空氣是由不同的「氣體」所組成的。這些不同的空氣僅是同一種東西的不同狀態，而不是截然不同的氣體。這樣的想法也牽引他進行了一連串的實驗，來研究這些不同狀態是如何存在，以及何時存在並進行交互作用，這為往後的植物化學與生物反應提供了一項極重要的資訊。

　　按照他的分類系統，他說明這些不同種類氣體的特色，其中最有名的就是「脫燃素氣體」，也就是之後所稱的氧氣。他證明

143

144　這種氣體讓老鼠之類的動物得以呼吸，而那些被火焰「傷害」過後的氣體，則無法有此作用。但他同時也發現到，這些被「傷害」過的氣體，可以經由植物（比如他實驗用的薄荷）的葉子來復原，並去除空氣中的有害「燃素」。

　　如同以往，其他的科學家們前仆後繼地延續普利斯特里的實驗，並將其推展到其他方向。例如後來的法國人安東萬・拉瓦節（Antoine Lavoisier）證明了，普利斯特里所指的「脫燃素氣體」，其實並不是空氣中某種東西被移除之後的氣體，而是一種完全不同的元素。之後他將此氣體命名為「氧氣」，為我們對化學的理解帶來了革命性的新進展。而荷蘭布雷達的楊・英格豪茨（Jan Ingenhousz），他的實驗則將植物與空氣的關係做了更進一步的

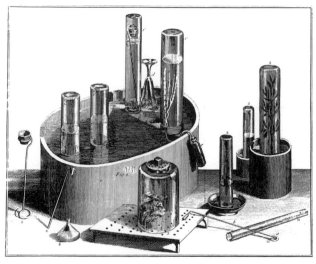

實驗器材，摘自約瑟夫・普利斯特里的《幾種氣體的實驗和觀察》（*Experiments and Observations on Different Kinds of Air*），
一七七四至七七年

緊密連結。在其著作《蔬菜的實驗》（*Experiments upon Vegetables*）中，他觀察植物在白晝時段的呼吸，發現僅有葉子的綠色部分才參與此期間內的呼吸作用。最後，瑞士化學家尼古拉‧西奧多德‧索蘇爾（Nicolas-Théodore de Saussure）則完成了所有精確的測量。

現在的科學已經能夠解釋「為什麼植物會往上生長」，而且 145
這些解釋是清楚的、可行的，也能夠被重複證明的。

顯微鏡技術的發展，以及對細胞構造進一步的了解，使十九世紀諸如朱利葉斯‧馮‧薩克斯（Julius von Sachs）等科學家得以研究植物內部更加細微的構造。薩克斯發現了細胞裡頭所謂「葉綠體」的綠色構造，以及使葉綠體呈現綠色的色素，即一八一七年首度被分離出來的「葉綠素」。到了一八六二年，薩克斯證明葉綠素參與了細胞中微小澱粉粒的合成，這些澱粉粒就是植物的食物來源。這些澱粉粒不僅是植物所必需的，而且也只有植物能製造。是以，我們逐漸理解到這個作用的重要性及其部分機制，例如植物如何吸收水分和空氣、從何處吸收、在何處利用它們來進行轉換，以及這個作用的功能等等。

薩克斯的代表著作，也是重要的植物學教科書《形態與生理》（*Text-book of Botany: Morphological and Physiological*），在一八七五年由當時的皇家植物園助理所長威廉‧西塞爾頓‧戴爾將它自德文翻譯成英文版本。書裡有一個非常重要的方程式，從發表後直到現在，都是每一代的學生們必須牢記的方程式：

二氧化碳 ＋ 水（＋ 光能量）＝ 葡萄糖 ＋ 氧氣

二十年之後的一八九七年，在大西洋對岸的美國，一對植物學家查爾斯・邦奈特（Charles Barnes）與康威・麥克米蘭（Conway MacMillan）給了這個作用一個正式的名字：光合作用。

二十世紀的科學發展為這個領域帶來了新的技術，能夠進行更深入的研究探討。羅賓・希爾（Robin Hill）基於他早期對血液中血紅素方面的研究，對植物色素進行原子與電子層次的深入探討。而梅爾文・卡爾文（Melvin Calvin）的研究方向則探討當光源消逝後，植物如何儲存與利用來自光源的能量。他發明了「卡文－本松循環」（Calvin-Benson cycle）來描述植物如何製造那些必要且複雜的分子，比如纖維素（cellulose）與胺基酸（amino acids）。

後來的研究發現，植物在不同的環境中會有不同的光合作用路徑。大部分植物進行的是 C3 路徑，但那些在乾熱環境，比如熱帶疏林高草原中生長的植物，則會採取 C4 或是景天酸代謝（CAM）路徑。

之所以稱做「C4」，是因為在這個光合作用路徑中第一個生成的分子為一個含有四個碳原子的化合物，而不是一般常見的三個碳原子的化合物。C4 路徑使用二氧化碳和水的效率更高，因此可以更有利於植物在乾熱環境下生長。很多熱帶疏林草原的植物，其生長環境是半乾燥半潮濕的氣候，它們進行的是 C4 路徑。同時，一些重要的糧食作物，比如玉米和甘蔗，也是進行 C4 路徑。

相對地，鳳梨以及其他在極端乾燥環境下生長的植物（比如仙人掌），則是進行景天酸代謝的機制。這些我們稱作 CAM 的

植物，它們在夜間從大氣中吸收二氧化碳，而白天這些孔洞反而是關閉的。這是因為在極度乾熱的環境，夜晚的溫度較為涼爽，因此葉片上的孔洞得以打開使空氣進入，也不會因此而蒸發掉大量的水分。

這些在夜間吸收的二氧化碳，經過合成後產生一種四個碳原子的有機分子。這四個碳的分子接著被儲存在細胞中進行光合作用的地方。當白晝來臨時，這些四個碳的有機分子便釋放出存在其中的二氧化碳，二氧化碳被送至葉綠體進行光合作用。所以，CAM 植物是在不同時間分別收集所需的二氧化碳與陽光，不像其他植物是同時吸收這兩者。這代表了 CAM 植物必須發展出一套不同的模式，藉由一個中間產物來儲存二氧化碳，直到太陽升起，才能開始利用這些原料來製造食物。

如同以往，傑出的理論科學家與實驗科學家各自鑽研他們喜好的理論，大部分時間相互競爭，但偶爾也互相合作；經過好幾個世代的努力研究下，總算共同解開了光合作用的機制，並解答了維繫地球上所有生命和諧的終極謎題。植物日日為我們的地球清除毒素，潔淨它，去掉有害氣體，並持續將氧氣注滿。下回，當你沿著皇家植物園的天空步道緩慢步行時，可以留意一下植物們正在進行的工作。

在極端乾燥環境下生長的植物，比如這株在亞利桑那州的
巨人柱屬仙人掌，在夜間吸收二氧化碳

第 12 章

複數基因

MULTIPLE GENES

MUSA PARADISIACA.L.

多倍體的香蕉令查爾斯・達爾文回味不已

約瑟夫・胡克曾經從皇家植物園的溫室寄了一些香蕉給查爾 151
斯・達爾文。這位大人物這樣回信給胡克：「你不僅使我
的靈魂再次歡悅，同時也滿足了我的胃。這些香蕉真是太好吃
了。我從沒看過像它們這樣的東西。」吉姆・恩德斯比也提及了
達爾文的這項小確幸：「達爾文的醫生禁止他吃糖，」所以寄來
香蕉的胡克，真的是給了「他這位嗜愛甜食的朋友」雙重好處。

　　那時，香蕉是外來的稀有珍品。香蕉的蜂蜜香味讓大家趨之
若鶩，因此園藝學家嘗試栽種它，但最後發現只能靠插枝的方式
複製這些香蕉，才得以種植成功。這代表他們栽植出來的植株基
因會完全跟親代一模一樣，也意味這些子代容易受到害蟲與疾病
侵襲。這個難題給科學界帶來了挑戰：其一，是如何永續種植這
些為數眾多的植栽；其二，是必須明白會有什麼樣的潛在威脅影
響它們的存活。

　　為了能讓後人享用香蕉這現今世界上最受歡迎的水果，前人
們所付出的努力，恰巧讓我們得以一窺過去幾百萬年來植物演化
中一個相當關鍵的過程。這個過程乍看之下是樁怪異事件，也有
個名符其實的怪異名字，叫做「多倍體（polyploidy）」。然而，

152 對這個過程的理解卻是一項關鍵基礎，能幫助植物學家發展新策略，來栽種與保護全球的重要作物，諸如小麥、棉花、馬鈴薯與甘蔗等等。

　　「多倍體」的字意是「多種形式」，意指植物細胞中有著多套的染色體（由帶有遺傳訊息或基因之去氧核醣核酸〔DNA〕所組成的構造）現象。這其實是繁殖過程中一個美麗的錯誤。通常在植物繁殖時，其生殖細胞——卵及花粉，會經歷減數分裂（meiosis），將每一個細胞中的染色體套數從雙套（雙倍體〔diploid〕）減半為單套（單倍體〔haploid〕）。當受精時，這些細胞融合在一起產生新的植株，而新植株裡的染色體套數就被重建，變回跟原來一樣的雙套，基本上就是 1 ＋ 1 ＝ 2。

　　而多倍體，則是透過另外一條路徑所產生。與一般僅帶有一套染色體的植物生殖細胞不同，有時候因為在減數分裂過程中產生失誤，造成一些減數分裂後的細胞擁有雙套的染色體。假如這帶有雙套染色體的細胞與另一個單套染色體的細胞進行融合，就會產生帶有三套染色體的細胞（2 ＋ 1），而不是正常的雙套，並創造出三倍體的植株。這一類三倍體的植物包含了部分變種的蘋果，還有全世界主要的商業香蕉品種。

　　同樣地，假如是從兩個雙套染色體細胞融合而來的植物細胞，其所創造出的新雜交種，用簡單的數學運算 2 ＋ 2 來說的話，新雜交種的每個細胞都擁有四套染色體，也就是四倍體（tetraploid）。擁有四套染色體的植物若再和具有雙套染色體的植物雜交繁殖，就能產生每個細胞中帶有六套染色體的植株。在我們所知的六倍體（hexaploid）植物當中，普通小麥就是其中之

一。此外,某些草莓變種則是十倍體(decaploid),意即每個細胞中都有十套的染色體。

在所有的開花植物當中,擁有最高倍數體紀錄的,是來自墨西哥景天科的植物——佛甲草(*Sedum*),它的每個細胞都帶有八十套染色體,而植物界中最高倍數體紀錄保持者,則是瓶爾小草屬(*Ophioglossum*),它有著驚人的九十六倍體。「提到多倍體,植物界還真是相當地多采多姿,」皇家植物園的植物遺傳學家伊莉雅·里契(Ilia Leitch)說,「相較之下,所有已知的哺乳類動物,則全都是雙倍體。」

只帶有雙倍體的哺乳類動物或許應該覺得慶幸,因為三倍體的植物不能進行有性繁殖(但可以通過無性生殖來複製繁衍)。同時,任何帶有奇數套染色體的植物,也不能進行有性生殖。這是因為它們在減數分裂的過程中,無法將奇數的染色體平均分配到兩個細胞之中,也就不能產生含有完整套數染色體的生殖細胞。這也是為什麼數千年前野生的香蕉原種裡帶有種子,而當你剝開現代的香蕉時,卻看不到種子的原因。同時,這也解釋了為什麼農民必須利用嫁接等無性繁殖的技術,來培植香蕉及其他三倍體的植物。

但多倍體本身也提供了一個救贖的機會,讓那些因多倍體而不稔的品種走出死胡同,得以產生出可孕的雜交種。假如染色體的套數能再經過一輪多倍體的步驟而加倍的話,就會得到一個帶有偶數套(比如 3＋3＝6)染色體的全新雜交種。如此一來,新產生的雜交品種就能進行正常的減數分裂與有性生殖了。這種因多倍體將雜交種植物從不稔狀態解救出來的能力,對主要的農作

物而言，已被證明是至關重要的，例如玉米。

　　多倍體雖然怪異，但不像那些有如科學怪人般的怪物，只能躲藏在世界邊緣角落；經由多倍體創造而來的植株廣布於世界各地。因此植物學家認為，多倍體這個過程從某些角度來看，算得上是演化中的一張王牌。皇家植物園裡的科學家早已致力於發掘、分析這個過程可能帶來的益處，包含了對生長速度、果實大小、對海拔與土壤耐受度的影響，還有對於應付乾旱、害蟲與疾病的抵抗能力。

154　　對多倍體的研究始於一八九〇年，當時的荷蘭植物生物學家，也是孟德爾的支持者許霍·德弗里斯，他發現了一叢奇妙的植物：這株月見草（*Oenothera lamarckiana*）從花園中逸出，並在荷蘭希佛薩姆（Hilversum）附近的一處廢棄馬鈴薯田建立了它自己的小世界。這些植物的大小差異相當大。根據德弗里斯的描述，你很難忽視它們的存在：「即使在一段距離之外，注意力還是會立刻被吸引過去。」對他而言，這個意外的發現，恰好是可證明達爾文理論錯誤的證據。達爾文學派的演化論認為，演化是自微小的變異開始，且需經過一段相當長時間的自然天擇過程；相對於此，德弗里斯更相信短時間內可產生許多巨大變異，造成重大的演化轉變。

　　當德弗里斯從希佛薩姆的這些植物中取出種子時，他發現它們經由一個稱為「自發性突變」的過程，更進一步產生許多與親代有明顯差異的變種。這是遺傳學中首次提到這個專有名詞，接著希佛薩姆更在他的兩冊《突變論》（*The Mutation Theory*, 1900-1903）著作中進一步強調該名詞。

獲獎植株：黃花櫻草

當德弗里斯正在籌備發表他的第一冊書時，皇家植物園出現了另外一個相當有趣的多倍體樣本。當時的園丁法蘭克・加勒特（Frank Garrett）發現了花園溫室裡一株神奇的雜交種櫻草屬植物。這株植物令皇家植物園裡每個見到它的成員都為之一驚，它是毛茛櫻草（*Primula floribunda*）與輪花櫻草（*Primula verticillata*）雜交後所產生的嶄新子代植株。毛茛櫻草是喜馬拉雅地區的原生種，而輪花櫻草則來自氣候和環境均迥異的阿拉伯半島。因為這新植株的生長地點，它被命名為黃花櫻草（或稱邱園櫻草，*Primula ✕ kewensis*），[*] 而它那令人驚豔的花朵，也為自己在英國皇家園藝學會一九〇〇年的會議中贏得了一級獎章。

156　　　但是，這第一株植株其實是株不稔的雜交種。加勒特與他的團隊再將這棵植株的兩種親代雜交，之後所有的子代也都同樣不稔，這令他們大為沮喪。直到一九〇五年，其中一株植株的枝條居然神奇地開出幾朵具繁殖能力的花朵，而這些花朵所結出的種子都能發育，並長成一種可孕的巨型邱園櫻草變型。從不稔中被解放的奇蹟，讓植物學家蕾緹絲・迪格比（Lettice Digby）深感興趣，她細數了不稔及可孕植株中的染色體之後，提出了結論：多倍體的染色體套數由於有了雙倍增加，而能從不稔轉成可孕。

　　　之後的研究漸漸揭示了許多主要作物都是多倍體的植物，因而對此現象的相關研究也加快了腳步。但是，當商業利益與科學研究相互結合時，研究上的瓶頸便逐漸顯現了。當時，雖然科學

---

[*] 譯註：翻譯學名為黃花櫻草，但由於其命名係因生長地點「邱園」（英國皇家植物園的別稱）而來，故亦譯成邱園櫻草（The Kew primrose）。

Colchicum Autumnale   *Colchique d'Automne*

秋水仙，是秋水仙素的來源。
秋水仙素能促進植物染色體套數加倍

家已能輕易地計算出染色體的數量，但他們卻還無法在實驗室裡以人工的方式誘導多倍體的形成，因此在開發其實際用途價值上，還有待進一步努力。這是多倍體研究的終極目標。

直到一九三〇年代晚期，終於突破了上述的瓶頸，成功地誘導多倍體的產生。由美國科學家艾爾伯特・弗朗西斯・布萊克斯利（Albert Francis Blakeslee）與阿摩斯・葛瑞爾・艾弗理（Amos Greer Avery）所分離出的一種化學物質——秋水仙素（colchicine），能促使植物細胞內的染色體加倍，並將開發誘導多倍體的技術推向成功。秋水仙素是從秋水仙（*Colchicum autumnale*，有時也稱為 meadow saffron）中分離出來，根據現存最古老的埃及藥典《埃貝爾氏莎草紙文書》（the Ebers Papyrus）記載，秋水仙素早在西元前一千五百年就被用來治療風濕病。

在傳統上，計算植物細胞染色體的方法非常耗時，有許多實驗室至今仍採用這樣的方法。此方法需要將植物的根磨碎後再染色，使染色體顯現後，在顯微鏡下計算染色體的數量。

然而在近期，皇家植物園的科學家轉而以流動式細胞測量術（flow cytometry）來研究多倍體。這個方法是將細胞懸浮於溶液流中，以雷射光照射，就能在每分鐘分析數千個細胞的物理及化學特性。流動式細胞測量術的分析相當快速。利用這個方法，一些須迅速處理大量樣本進行分析的工作變得更加可行，進而能建立多倍體變異的範圍。這不僅能比較不同物種間的多倍體差異，還能做到同一物種族群內每株單一個體之間的比較。在這樣的研究中，有些已分析了超過五千株的獨立物種；而研究結果顯示，即便在同一物種當中，也可能有著巨大的染色體套數差異。現今

的紀錄保持者，就是豬草（Senecio，又稱千里光）：經過鑑定後發現，它擁有八種不同的變異套數。

同一物種的植物有著不同的染色體套數，會影響類似昆蟲授粉等行為，這使我們逐漸理解到基因多樣性所帶來的衝擊。如同皇家植物園研究員伊莉雅・里契（Ilia Leitch）所說的：「近來，分子生物技術提供研究者強而有力的新工具，以研究多倍體的起源及其演化過程。此技術不僅揭開我們今日所知的植物體內多倍體形成過程，其本身就是推動開花植物歷史演進的主要力量。」

科學家有能力推算出演化時序中多倍體事件發生的時間點，也因此揭開了一個令人驚訝的真相，那就是所有的開花植物至少都共同經歷過一次這樣的事件，而發生的時間點，就在所有開花植物演化之始，大約在兩億年前。至於其他多倍體事件，則發生在一些包含最多物種的（多樣性的）植物科別的演化早期。這樣的觀察結果可以導出一個結論：多倍體應在植物的物種演化上扮演著重要角色。有趣的是，很多這類的演化事件都可被追溯到約六千五百萬年前。我們對這時期或許並不陌生，因為它正是最近一次大滅絕事件發生的時間，很多植物、動物，包含恐龍，在這段時間內都滅絕了。或許相較於它們雙倍體的親戚，多倍體更能因應變化而生存下來。

這件事的重要性在哪兒呢？我們去研究、了解多倍體，僅僅只是在研究一個科學問題，還是其實它具有一些實用的應用價值呢？皇家植物園的馬克・柴斯（Mark Chase）表示：「我們已從足夠數量的植物中進行了去氧核醣核酸（DNA）的定序，並看出了一個共通模式。」那些在演化過程經歷過多次多倍體事件的

159

植物中，控制其他「結構」基因（決定植物外觀與行為）的特殊基因被大量複製，而保留了下來。這些控制基因就是現在所知的「轉錄因子（transcription factors）」。皇家植物園的科學家們相信，這些轉錄因子握有解開多倍體潛藏效益的關鍵。「因為多倍體植物是由多個轉錄因子來控制結構基因，所以與擁有較少轉錄因子的植物相比，它們能夠以更複雜的方式來適應環境變化。」柴斯接著這樣說。

要實際應用我們對多倍體與對轉錄因子的知識，其中一個方向就是保護植物不受病害，而這又帶領我們回到開場的主角——香蕉。香蕉不僅是許多後興產業的基石，也是地球上繼稻米、小麥與玉米之後，第四大最重要的主食。我們不能冒險讓有著孱弱基因的香蕉因疾病而再度變得稀有。幸運的是，對於多倍體的了解，能幫助它免於那樣的命運。

在世界上流通的香蕉幾乎都是同一個品種，也就是源自印度的香芽蕉（Cavendish）。但是近幾年香芽蕉持續遭受一連串真菌疾病的侵襲，包括了香蕉葉斑病（Black Sigatoka），這個疾病與十九世紀時摧毀愛爾蘭馬鈴薯的疫病一樣嚴重。在加勒比海，單單這一種真菌已狂掃了百分之七十香蕉栽植的耕地面積，並影響了聖文森及格瑞那丁約四分之三的勞工就業市場。部分島嶼的香蕉出口量驟降百分之八十，有些甚至再也無法出口香蕉了。

160　　香芽蕉品種有一個特殊的致命點，它是三倍體變異種的成員之一；高收益種植的代價，就是犧牲它的繁殖力。有證據顯示，蕉農用以繁殖香蕉的嫁接法，是助長真菌病害一代一代傳布下去的原因。*因此，全世界的研究團隊都在努力運用多倍體與雜交

的知識，嘗試創造出在口感、保存性都能與香芽蕉並駕齊驅的替代品，同時還能兼具抗病性。

科學家們將發展抗病株的高度期待，寄望於印度這個香蕉遠祖基因的家鄉。在這裡，香蕉仍持續維持其種類的多樣性，因此能提供大量寶貴的基因資源。印度香蕉國家研究中心已經評估了包含野生種在內超過一千種型（type）的香蕉，期望在當中找出能對抗香蕉葉斑病及其他疾病的天然抗病株。

達爾文的醫生說出了一個事實：比起吃糖，吃香蕉對我們的健康更有幫助。如果科學家們可以利用他們對多倍體的了解，來改良香蕉的收成，我們就能像達爾文的靈魂與身體重獲享受美食的喜樂那般，繼續享用這種富含營養與經濟價值的水果。

---

* 譯註：此處原文有誤，香蕉並非利用嫁接繁殖，特此說明。

第 13 章

樹皮與甲蟲攻防戰

BATTLING BARK AND BEETLE

二〇〇七年的蘇格蘭，死於荷蘭榆樹病的無毛榆（Wych elm）

倫敦國家畫廊展示了一幅備受國人喜愛的畫作：一八二一年　163
約翰‧康斯特勃（John Constable）繪製的《乾草車》（*The
Hay Wain*）。這幅作品描繪寧靜鄉村的景色。畫中一輛四輪載貨
馬車正橫渡一條小溪，河岸旁長了一排優雅的榆樹。康斯特勃創
作這幅畫的過程中，有一半時間是在他倫敦的工作室；因此他感
受到，因工業革命而造成的都市化與運輸方式之驟變，將永遠地
改變英國絕大多數的農業生活方式。然而康斯特勃不知道的是，
人群及貨品的頻繁遷移，也將帶領著英國農村踏上一條完全無法
預測的道路。

　　康斯特勃的畫裡展現了英國極具代表性的林木景觀，這樣的
景觀是一九七○年以後出生的人們所無法體會的；因為康斯特勃
所熟知的，是布滿了顯眼濃密榆樹的鄉村景色。關於榆樹，植物
學家亨利‧艾維斯（Henry Elwes）寫到：「要如何去評斷榆樹做
為景觀樹種的真正價值呢？當你在十一月下旬，從著名的泰晤士
河谷或伍斯特以下的塞文河谷的任何地點看去，一排排閃耀著燦
爛金黃色的榆樹籬線，就是英國帶給世人最驚豔的景色之一。」

164　　　但在他寫下這些文字的同時，一種經由甲蟲傳播的真菌已開始摧毀歐洲的榆樹群。這些艾維斯所鍾愛的、康斯特勃所寫實捕捉到的、波浪般起伏的榆樹群，很快地將從鄉村中永遠消逝。

　　直到一九一八年，導致這般嚴重後果的病害才被發現；但在此之前，比利時、荷蘭及北法的部分地區早已飽受其害。而英國則是在一九二七年才第一次在境內發現該病害的蹤跡。它潛在致病的原因還在當時引起了激辯，爭辯的幾項因素包括了乾旱、第一次世界大戰遺留下的氣體毒害、細菌性病害或是潰瘍病的變異。然而，自一九一九年到一九三四年，在七位荷蘭女性科學家竭盡心力的研究下，終於揭發了造成病害的罪魁禍首。這幾位科學家都在烏特勒支（Utrecht）附近的威利柯梅林斯高頓植物病蟲害研究室（Willie Commelin Scholten Phytopathology Laboratory）進行研究，這是歐洲研究植物病害的頂尖研究中心之一，這個研究單位也因為成員以女性傑出科學家占大多數而聞名。

　　首位鑑定出造成樹木死亡的真菌 *Graphium ulmi*（現在也稱作榆樹立枯病菌〔*Ophiostoma ulmi*〕）的人是研究生畢阿·施瓦茨（Bea Schwarz），但相信她的人少之又少。直到同事克莉絲汀娜·包爾斯曼（Christine Buisman）重現並延伸了施瓦茨的實驗，才讓她的原始研究得到證實。這些女性科學家找出了致病病原，但疾病卻以她們的國籍來命名（或許這不怎麼公平）——荷蘭榆樹病。對於榆樹的大災難，施瓦茨與包爾斯曼的確提供了相當重要的訊息；但可惜的是，她們無法提出解決的方法。

　　一九四○年代，真菌在一些歐洲國家造成百分之十到百分之四十的榆樹死亡，但之後有段時間看似沉寂下來。湯姆·皮斯

（Tom Peace）代表英國林業委員會，負責進行國內疾病散布的大
規模追蹤調查，他在一九六〇年寫道：「除非此病害完全改變其　165
現行的行為趨勢，不然這曾看似迫在眉睫的災難，很難再有機會
爆發。」（但從事後看來，當時實在不知道是哪來的自信）

　　皮斯所說的改變很快就出現了。一九六〇年代後期，這隻真
菌已被更具侵略性的病原菌——新榆樹立枯病菌（*Ophiostoma
novoulmi*）所取代。新榆樹立枯病菌透過用來建造船隻的榆樹木
材而傳入英國，這些進口到英國的榆樹木材已被新榆樹立枯病
菌所感染。這種真菌病原菌藉著兩種甲蟲同伴攜帶傳播，一種是
歐洲榆小蠹（*Scolytus multistriatus*），另一種是歐洲大榆小蠹（*S.
scolytus*）。牠們一開始即以極快的速度在鄉間散布，對歐洲榆
（*Ulmus procera*）情有獨鍾。這些甲蟲喜歡那些已生病、將死或已
死去的榆樹樹幹，牠們會鑽入樹皮內，建立蛹室，並在蛹室內產
卵。待卵孵化成幼蟲，便以內樹皮與邊材為食。如果該樹木已被
真菌感染，病菌會在已被感染的蛹室中產生具黏性的病菌胞子。
而後當幼蟲長為成蟲，便會攜帶病菌的胞子傳播到下一株牠們取
食的健康榆樹。在十年之內，三千萬株英國的榆樹就失去了三分
之二。

　　皇家植物園樹木園園長湯尼・克科姆（Tony Kirkham）解
釋，這個病害是經由木質部來擴散，木質部是植物將水分、營養
由根部往榆樹上半部輸送的組織。為了阻斷疾病的擴散，植物本
身的因應方法就是阻斷韌皮細胞對植物本身的水分輸送——實際
上就是一種自殺行為，因此植物會很快死亡。從它們罹病到死
亡，大約只有一年的時間。

The field, *or common English*, Elm.

Full-grown tree in Kensington Gardens, 65 ft. high ; diam. of the trunk 3 ft., and of the head 48 ft.
[Scale 1 in. to 12 ft.]

常見的英格蘭榆樹（English elm）。
擷取自約翰・克勞迪斯・勞登（J. C. Loudon）一八三八年
出版的《英國的樹木與灌木》（*The Trees and Shrubs of Britain*）

　　克科姆回憶起一九七〇年代晚期在英國皇家植物園目睹荷蘭榆樹病的衝擊。當時他還是個園藝系的大學生，某天上課時望向教室窗外，恰好看到植物園裡的最後一棵榆樹被砍倒了。「在榆樹病現蹤之前，植物園裡的優勢樹種就是榆樹、橡樹及山毛櫸，」克科姆說著。「但那時，除了其中一、兩種榆樹樹種，我們幾乎失去了所有的榆樹群，後來我再也沒見過成熟榆樹在皇家植物園裡生長。榆樹從整個國家中消失了，林木景觀在一夕之間驟變。」

　　被感染的樹木其實一眼便可察覺，由於內部的水分輸送被阻斷，葉子因此萎凋，在早夏時期就顯得枯黃，最終則掉落。被感染的枝條從頂部開始往下枯萎，有時候會明顯向下曲折成牧羊杖的形態。當剝開染病樹木的活枝條時，樹皮內可以發現棕色或紫色的縱向紋路。榆樹在成熟之前並不容易得病，約莫樹齡十五到二十年大的成熟榆樹才會被榆小蠹所感染。成熟榆樹的樹皮跟幼時不同，長成後的樹皮才會成為適合榆小蠹的棲地，讓牠們可以在樹皮內完成生命循環。

　　有趣的是，科學家在湖泊或沼澤地收集柱狀沉積物，並分析其中的花粉化石，發現大約在六千年前，整個西北歐地區的榆樹數量也曾發生類似的大規模減少事件。這與新石器時代開始農耕的時間點大略一致，因而引起對榆樹減少原因的大辯論——榆樹的減少，是因為最早期的農夫為清出土地耕種而砍樹所導致的結果，抑或這也是一場荷蘭榆樹病的大爆發。舉例來說，在諾福克郡（Norfolk）的迪斯池（Diss Meer）所收集到的花粉證據顯示，這個地區的榆樹數量在僅僅六年的時間內就急遽減少。這般數量

銳減的衝擊與荷蘭榆樹病的效應吻合，但在諾福克郡的柱狀沉積物樣本中，卻沒能發現造成此現象的真菌。

　　然而，後來在倫敦漢普斯特德荒野（Hampstead Heath）的新石器時代沉積物中，發現了歐洲大榆小蠹的殘骸，顯示這個疾病在當時的英國地區早已存在。在瑞典與丹麥的新石器時代遺址中，也發現了帶有甲蟲類蛹室特徵的木化石。因此，這個疾病其實並非當時所認為的，是一種新的病害；只是在一百年前左右，人類剛好目睹並記錄了它所引發的衝擊和嚴重性。

168

　　直至一九七〇年代初期以前，荷蘭榆樹病仍是唯一影響英國樹木的重大疫病；但在這之後，新的威脅崛起了。二〇一二年，林業委員會研究機構的林業研究所微生物榮譽退休學者克萊夫‧

歐洲榆小蠹（elm bark beetle）的蛹室。
歐洲榆小蠹會傳播致病真菌──新榆樹立枯病菌

博瑞希爾（Clive Brasier），以圖表揭示了一九七〇至二〇一二年間影響英國樹木與自然環境的疾病爆發紀錄。圖中顯示，直到一九九四年荷蘭榆樹病仍是紀錄中唯一主要的感染疾病。然而從那年之後，樹木的疾病數量開始顯著增加，因為其他樹種如赤楊木、松木、山毛櫸、七葉樹、鵝耳櫪、原生石楠科灌木群落、落葉松、羅生柏、原生檜類、甜栗與白蠟樹等等，都相繼遭受一連串疾病的折磨，而這些病大多都是由疫病屬（與造成馬鈴薯晚疫病同種的水黴菌）的真菌所造成。

169

　　引發這樣變化的可能禍源有二個。一個是氣候變遷，造成氣候反覆無常的狀況加劇；另一個可能原因則是遷移，人類（與植物）在國界間的遷移更加容易。但有沒有可行的方法，來降低這些疾病的傳播呢？儘管這個議題被熱切關注著，但在面對眾多物種入侵之際，這一切的預防工作可能都為時已晚。「有很多我們真的不想要的害蟲與疾病，仍在等待機會進入這個國家，」克科姆解釋。「包括亞洲天牛、柑橘天牛、光臘瘦吉丁蟲等等，雖然牠們還沒大舉入侵，但已有一些零星案例，而我們也已成功消滅牠們了。而松舟蛾（Pine processionary moth）正躲在角落伺機而動。我們必須做好準備，在哪天真正被入侵時能快速對應，並消滅牠們。一旦牠們進入我們國家，通常就為時已晚了；因此預防得重於治療。」

　　最新的一種疾病是白蠟樹梢枯病（ash dieback），它搭著進口苗木的便車而入侵，致病原是真菌類的擬白膜盤菌（*Hymenoscyphus pseudoalbidus*）。第一起因此病而枯死的樹木報導案例是在一九九二年的波蘭。從那時候開始，白蠟樹梢枯病就在整個歐洲散布開

Fráxinus excélsior.
The taller, *or common,* Ash.

Full-grown tree in Kensington Gardens, 75 ft. high ; diam. of trunk 4 ft. 6 in., of head 48 ft.
[Scale 1 in. to 12 ft.]

常見的歐洲白蠟樹。它是白蠟樹梢枯病的受害者，
而此病是由真菌擬白膜盤菌所引起

來。二○一二年此病入侵英國，來源是荷蘭某處苗圃的一批托運貨物，裡頭是已被感染的樹木，要被送往另一個位在白金漢郡的苗圃。截至二○一四年五月，此病已在英國六百四十六處現蹤，包括諾福克郡、薩福克郡、威爾斯西南部，以及英格蘭與蘇格蘭東部海岸。此病害特別針對歐洲白蠟樹（*Fraxinus excelsior*）與狹葉白蠟樹（*Fraxinus angustifolia*），被感染後通常都會造成毀滅性的結果，它會導致樹木落葉，並從樹冠處開始向下凋亡；此病害也因該特徵而被命名為梢枯病。

由於深切銘記著荷蘭榆樹病所造成的損害，英國成立了任務小組來解決這個問題。該小組提出了一系列新措施，包括植物護照計畫，以及呼籲全歐盟國家進一步分享「流行病情報」，這樣就能根據過去植物病害的模式，來通報現行或未來可能爆發的病害。此外，位於西薩塞克斯皇家植物園的別莊——威克赫斯特莊的皇家植物園千年種子庫合作關係（Millennium Seed Bank Partnership〔MSBP〕），或許也能提供部分的解決方案。在此工作的科學家之任務，就是找尋擁有天然對抗白蠟樹梢枯病基因的樹種。他們從英國二十四個地區收集遺傳基因互異的種子樣本，以便建立基因庫供研究使用。

千年種子庫合作關係的主任保羅・史密斯（Paul Smith）這樣解釋：「我們知道，在歐洲大陸有些野生的白蠟樹族群已被鑑定出有原生的抗病基因。有些研究團隊正努力了解這些抗性的基因背景。一旦我們分離出那些相關的基因，就有可能設計出很簡單的基因檢驗，來測試我們種子銀行裡的每一顆種子。假如能在裡面找到天然的抗病基因，那也就能知道它的完整資料，包含找

171

到那顆種子的地點，以及確切的植株。如此，我們就能夠找到抗病基因的源頭，再從母株收集更多的種子，然後再一次地重建有白蠟樹的地景。」

白蠟樹通常是從種子發芽長成，但榆樹的繁殖方法不像白蠟樹，榆樹通常是採根插繁殖，因此都是含有相同遺傳基因的無性繁殖植株。這也是為什麼當荷蘭榆樹病出現之後，對歐洲的影響會如此地廣泛巨大。「在一個郡裡，綿延數哩的灌木籬牆的榆樹全部都是相同的植株，」克林姆說。「所以當第一株倒下時，最後一株也終將跟著倒下。問題只是在事情發生的快慢罷了。」

172　一九〇五年，皇家植物園種植了一棵可以抵擋荷蘭榆樹病的高加索欅（*Zelkova carpinifolia*）。大部分在皇家植物園裡長大的榆樹都是較近期才被種下的，且對荷蘭榆樹病都具有部分的抗性。諷刺的是，皇家植物園裡最原始的喜馬拉雅榆（*Ulmus villosa*）樣本，雖然挺過了荷蘭榆樹病的攻擊，卻躲不過一九八七年颱風的侵襲（颱風的衝擊將於第十八章深入介紹）。不過幸運的是，克科姆的團隊已有能力利用成熟的枝條插枝來繁殖榆樹，以取代失去的榆樹。他也種植了欅榆（*Ulmus parviflora*）、原野榆樹亞種（*Ulmus minor* subsp. *plotii*），以及美國榆樹（Princeton〔*Ulmus americana*〕）。但可惜的是，比起容易遭受病害的英國榆樹，有些人認為以亞洲榆樹做為裝飾樹種，似乎缺少了些許美感。

但或許，我們還能抱著一絲希望，冀求英國的原生榆樹樹種能有抵抗此病的能力；這個希望來自一九八〇年代金氏企業樹苗圃的保羅·金（Paul King）。他取得了四種安然度過疾病肆虐的

榆樹插枝。它們有可能是無毛榆（the Scots elm〔*Ulmus glabra*〕）、英國榆（*U. procera*）與歐洲榆（the European elm〔*U. carpinifolia*〕）的組合。這些榆樹已經活過了二十個年歲，並且依然強健，但是否能長成完全成熟的植株仍有待觀察。假如它們能夠挺住，並持續成長，那麼康斯特勃時期的英國鄉村風情或許有朝一日能再次重現。

第 14 章

獵尋多樣性

HUNT FOR DIVERSITY

蘇聯海報《記得那些飢餓的人們》（Remember those who Starve!）

人類在全球旅行移動的同時，植物也隨著我們遷移生活。小 175
小的種子不僅適應力強，並且容易攜帶，殖民者與入侵者
可將它們從原生地帶往世界各地。我們現在很難得知許多作物的
野生原種最初演化的起源地與時間點，但是我們可以藉由今日它
們其他野生的近緣種來推論。在「找尋作物起源地」這個研究領
域的先驅，就是尼古拉‧瓦維洛夫（Nikolai Vavilov），這位植物
學家同時也是作物育種者，在他的研究生涯中親身經歷了最卓越
的科學，也目睹了最黑暗的人性。

一八八七年，瓦維洛夫於鄰近莫斯科的一個小村莊伊瓦什科
夫（Ivashkovo）出生，並在這裡長大。在沙皇專制且沒有效率的
統治之下，國內頻頻發生作物短缺的危機。當瓦維洛夫還是個孩
童時，親眼目睹了饑荒與艱難，使他立志在有生之年不讓這些慘
事一再發生。他下定決心利用新興的植物學與遺傳學科學知識，
來終結這些苦難。但相當諷刺的是，他的研究工作旨在拯救其他
人民，卻沒能拯救他自己。

當大部分的植物學家都只專注於野生種時，瓦維洛夫便已開
始鑽研栽培作物的分類。在進行了多次的遠征蒐集後，他發展出

一套理論，說明現代作物的野生遠祖是在何處開始被栽培種植。

176　身為孟德爾流派的追隨者，他認為透過辨識與研究現代作物的野生原種，植物學家便可以發展出新的抗病栽培品種（cultivars）（藉由選擇性育種進行商業生產的植物變種），如此便可餵飽地球上的人們。在革命與戰爭的時代背景下，瓦維洛夫頂尖的研究成果警醒了世界去體認植物基因多樣性的重要。

　　人類從狩獵採集開始轉變成農耕生活形態的時間，可以遠溯到一萬兩千年前。早期的農夫們篩選出具備有益性狀的植株來栽種，比如成熟時間一致的種子，以及多汁又多產的果實。隨著時日推進，陸路貿易網絡的發展與航海技術的進步，使得種子能在不同大陸間交易，也因此將我們的地球從採集者的世界轉型成一個耕種者的世界。這也是為什麼我們很難得知許多馴化的農作物是在何地，以及何時從它們的野生原種演化而來。

　　或許你會有些懷疑，這個問題到底有什麼重要，畢竟我們現在已有許多高度精緻的農業技術了。答案就在於基因的多樣性。將野生植物馴化成栽培植物的過程，以及幾千年間農夫們的篩選，使那些能對抗疾病與應對氣候多變的有用基因在選殖過程中被篩掉了，留下的是那些多產與美味的基因。如今我們擁有足夠的優質食物，但它們的基因多樣性卻大大地減少了，這使它們陷入危機。基因背景相似的作物，對病蟲害與疾病是羸弱而毫無抵抗能力的──這個弱點已經一而再、再而三地在人類歷史中悲慘地重演。

　　近來，我們實施「單一作物」施作法，在大面積的農地上只種植少數幾種現代的品種（cultivars）；這樣能得到高產量的作

物，但基因多樣性卻極低。面對全球人口的增長、氣候的變遷，與這些效應造成的用水短缺，未來的作物育種者需要找到一系列的基因來改造植物，使作物能更快適應比以往更多變的環境。而唯一能培育出含有這些基因的植株的方法，就是找出它們今日仍在野外生長著的原種，以利用它們多樣的基因庫。鑑於在當前世界五萬種的食用植物當中，我們只依賴其中的三種植物（稻米、玉米和小麥）來提供我們百分之六十的食物能量來源，因此這個問題更形重要。假如病蟲害或疾病影響了這些主要糧食作物中的其中一種，就非常可能爆發全面性的饑荒。

瓦維洛夫是最早認知到作物野生親緣種重要性的科學家之一。野生近緣種獨特的多樣性基因庫，能滿足人類對成功及永續育種的需求。二十世紀初，瓦維洛夫在作物的野生棲地展開了一連串的採集及研究工作，來檢驗他的想法；他遠征了超過一百一十五次，到過六十四個國家進行研究，包含衣索比亞、義大利、哈薩克、墨西哥、巴西以及美國。他刻意選擇這些農業發源地，是期望能在野生近緣種或經農夫選擇性耕種的傳統地方種當中，覓得能應用到作物上的有益基因。

瓦維洛夫在一封信中提出了他的想法，解釋為何他需要前往小亞細亞（即現今的土耳其）進行植物收集之旅：

> 自然界是一個巨大的多樣性倉庫，至今尚未被世界上的農業產業所利用，比如生長在西亞與外高加索（Transcaucasus）等地、有著許多變型的田間植物（在已開發國家的科學領域或實作領域都尚未意識到的）。

177

178

> 從某個特殊角度上來說，科學家對亞洲與外高加索的穀
> 物有著高度興趣，因為它們具備了許多特點，包括不落
> 粒性、抗旱、優良穀粒、對土壤品質的高容忍度，以及
> 對許多寄生型真菌帶抗性等等。

從這些遠征隊所獲得的知識中，瓦維洛夫建立了一個信念：他認為每一種耕作植物的發源地，仍舊是存有最多差異品種的地區。他把這些地方稱為起源中心。

一九二六年，瓦維洛夫發表一篇論文〈栽培植物的起源中心〉（*The Centres of Origin of Cultivated Plants*），確認了牧場、花園與果園作物的五個主要起源中心。他特別指出，這些地區分布的位置並非完全如同預期一般，集中在世界上那些被認為是農業與文明起源地的主要流域周圍，而是分布在亞洲山區（喜馬拉雅山與其山系）、東北非的山系與南歐山區（庇里牛斯山、亞平寧山脈與巴爾幹山脈）、科迪勒拉山系，以及洛磯山脈南方山嘴。在舊世界中，耕作植物的原始起源地大多分布在北緯二十度到四十度這一區帶之間。

今日，隱藏在皇家植物園 D 翼門後的一個木質展示櫃，它質樸的外觀掩蓋了內藏物的重要性。井然有序地在躺在黑色盒子中的檔案，是約翰·佩西華（John Percival）所收集來的一千三百種型麥穗。瓦維洛夫在他的研究中也曾調閱過這批收藏。透過這些包含不同種類與傳統地方種的收藏品，可以清楚地顯示出傳統耕種者培育出驚人數量的栽培種小麥種型。迄今，這些收藏對研究農業實作如何影響植物的形態與多樣性的科學家們來說，仍是一項無價之寶。

展現物種多樣性的二粒小麥穗，擷取自佩西華收藏

皇家植物園的馬克・內斯彼特（Mark Nesbitt）指著一批標　179
本臺紙，每一張臺紙上都有數個麥穗，他說道：

> 你可以看到，當中有些種類有著小剛毛的小穗，有些則
> 沒有；有些是紅色的，有些是白色，有些則是黑色；有
> 些呈毛絨狀，有些則不是；有些是長的麥穗，有些則是
> 短麥穗。這說明了兩件事：單單僅在一位農夫的麥田
> 裡，他所種植的小麥就有著相當大的變異性，這是傳統
> 小麥品種內部的多樣性；同時，不同種類的小麥之間也
> 存在著多樣性。因此，有小穗野生小麥、有來自衣索匹
> 亞與其他地區的二粒小麥、有杜蘭小麥以及普通小
> 麥——都是目前最重要的小麥種類。這些在外貌上的變

180　　異與不同形態，在在都顯示出暗藏其間的遺傳變異性：
比如對疾病的抗性、烹煮的特性，以及在貧瘠土壤上生
長的能力。對傳統耕種者而言，這些才是真正有用的特
性。

內斯彼特解釋，當農夫開始馴化小麥時，在眾多的野生原種
之中，只有特定植株會被保留下來繼續耕作。而這導致了「瓶頸
效應」，使得原先存於野生原種中的基因多樣性無法全數留存，
只有極少數能在後來耕種的小麥中被保留下來。也就是說，當我
們開始馴化植物的那刻起，基因多樣性就逐漸地消逝了。但同
時，就像在佩西華的小麥收藏中所見到的，傳統耕作者會透過種
子的選殖與交換，來引進新的變異性。然而經由育種而來的當代
品種（cultivars），其基因多樣性是所有種類中最少的，因為它們
是經過選擇性育種所產生的單一作物；這使得這些栽培品種缺少
了某些或許能讓它們更加適應極端乾旱，或其他氣候變異的基
因。

倫敦大學學院的考古植物學教授多利安・富勒（Dorian
Fuller）接著說明：

造成饑荒的部分原因，來自於對少數作物品種的嚴重依
賴；這是瓦維洛夫最初所看到的問題之一。他認為，如
果能去採集那些在山裡頭的，或在所謂「起源中心」的
一些物種，便能發現更多的基因多樣性；這會是在面
對、抵抗將來未知考驗時的一大工具。

歷史事件深深地衝擊了瓦維洛夫的研究工作。一九一七年俄國革命，列寧奪得政權。儘管列寧憎恨知識分子，但他知道這個國家需要專家在研究室發揮所長。很多研究機構及研究室都設在彼得格勒（聖彼得堡在一九一四到一九二四年間的新名字），這個革命的搖籃城市。因此，瓦維洛夫於一九二一年擔任應用植物學事務所（Bureau of Applied Botany，現稱瓦維洛夫種植業學院〔N.I. Vavilov Institute of Plant Industry〕，俄文簡稱為 VIR）所長，該所早在一八九四年時就已成立（比美國的外來種子暨植物引種局〔Office of Foreign Seed and Plant Introduction〕還早了四年）。

儘管經歷「千辛與萬苦」，包含「對抗家鄉的寒冷，對家具、家居及食物取得的困頓」，瓦維洛夫終究建立了新的實驗室及實驗站。同一年，當饑荒大肆摧殘蘇聯時，列寧宣示：「接著，從現在開始，就是抵抗饑荒的時代。」列寧在科學上的支持，使瓦維洛夫得以將應用植物學事務所發展成一個巨大的植物育種帝國。瓦維洛夫得以在這個背後有國家力量庇護的研究組織裡，繼續進行蒐集全世界種子的任務，幫助他更進一步建立他的理論。

在一九二六、二七這兩年，瓦維洛夫到了中東，那裡的肥沃月彎是最早的農業發源地。儘管他曾遭遇槍擊，沿途備受瘧疾威脅，但還是成功抵達了。他先造訪黎巴嫩及敘利亞，之後陸續到了約旦、巴勒斯坦、摩洛哥、阿爾及利亞、突尼西亞與埃及。在旅行日誌中，他回想起初見栽培種小麥與野生種小麥的時刻：

在這個首次造訪的阿拉伯村莊，田裡種植著特殊組成的
小麥品種。在這裡，我第一次收集到了單一亞種，後來
將它命名為「Khoranka」。這是種有著相當大穀粒的小
麥，帶著硬挺的麥梗與高產量的密實麥穗……。就在這
裡（在貝卡谷地裡），在田野的斜坡上與邊上，我第一
次看見了一排排的野生小麥……而這種小麥是阿拉伯移
民在當地廣泛種植的品種，它具有抗旱的特性，因而引
起我們的興趣。

在此次考察中，瓦維洛夫與他的同僚共帶回十四萬八千到十
七萬五千種活的種子與塊根，並將之收入典藏以流傳後世。蘇俄
糧食歷史學家戈盧別夫（G. A. Golubev）曾在一九七九年時描
述：「蘇聯有五分之四的耕地種著各式各樣的作物與品種，而這
些都是來自 VIR 獨特的世界收藏。」

羅蘭‧彼芬育種而成的普通小麥，擷取自佩西華收藏

今日，在千年種子庫合作關係的科學家們，都清楚地體認到瓦維洛夫研究的永續價值。透過作物野生近緣種計畫（the Crop Wild Relatives Project），加上世界各地各領域專家夥伴的協助，他們繼續尋找基因多樣性植物，並將這些植物全數保留下來。千年種子庫合作關係的最終目標，是希望能擁有所有有益的馴化植物野生近親的標本與樣本，並在地圖上標示出它們的位置，以及收集這些植物的方法、時間等相關資訊。

透過作物野生近緣種計畫，作物野生近緣種的種子相繼自世界各地而來，並被一一鑑定、分類、收藏，以供育種計畫使用。這是一項與時間賽跑的競賽，要在野生植物遭受氣候變遷、都市化與森林破壞等威脅之前，盡早將它們找到並儲放至種子銀行裡。而這樣的迫切性，可從茄子的野生近緣種——魯伏茄（*Solanum ruvu*）的命運窺見端倪。魯伏茄於二〇〇〇年在坦尚尼亞第一次被採集到，但在被成功鑑定為新種之前，它的原生棲地即被破壞殆盡，現在它已經被認為是絕跡植物了。

瓦維洛夫認為，作物起源中心即是擁有最高度基因多樣性的地區；但是我們現在了解到，其實這個概念並非完全正確（實際上會比瓦維洛夫的這個論點還要再複雜一些，因為作物的高度基因多樣性，同時也受到地理隔離與文化多樣性的影響）。然而，他的研究工作依然為現代的種子研究學家們提供了重要的資訊。如同在千年種子庫合作關係擔任作物野生近緣種計畫召集人（Crop Wild Relatives Project）的茹絲・伊斯威特（Ruth Eastwood）所說的：

這個計畫有一個主要的資料庫，這個資料庫可以告訴我
們今日世界上作物野生近緣種的位置。我們搜尋標本館
裡的標本，套上地理圖層，並運用數學運算來為這些作
物野生近緣種的分布區域建立模型。以上這些工作能創
造出精確的地圖，展示野生作物近緣種在全世界的實際
分布、已知分布，或假設性的（但是經過運算的）分布
情形。該地圖向我們揭示，哪些區域是作物野生近緣種
最豐富的區域。我們也將這些分布對照到當今世界上有
最豐富作物野生近緣種的區域。現在我們檢視那份地圖
時會驚訝地發現，在那麼久以前，瓦維洛夫憑藉著極少
的數據及有限的分析工具，竟然就能有如此精準的洞
見。

184

　若回頭看看這位偉大男性自身的命運，他的悲劇就是生錯了
時代。很遺憾地，他並沒有因為列寧的支持，而能長久追求他在
植物學上的使命。一九二〇年代晚期，這位革命巨頭去世了，史
達林取而代之、掌控了蘇聯，並且在一九二九年聲稱「大破舊」
的時代來臨。這位短視的新領導人認為，瓦維洛夫應該專注在能
立即消除饑荒的研究，而不是將時間浪費在為未來保存基因的植
物資源工作上。最後，史達林重用了特羅菲姆・李森科（Trofim
Lysenko），李森科宣稱他的植物育種方法能比瓦維洛夫更快解決
饑荒問題，更快餵飽蘇俄飢餓的人們。

　瓦維洛夫艱辛地高舉著孟德爾遺傳學的旗幟，認為這才是改
良作物的根本大法。但是到了一九四〇年代，他的研究單位已經

被李森科流派的想法所取代。同時，就像當時許多的思想家與知識分子都意識到的，史達林時代的蘇聯人民，是要為自由思想付出代價的。一九四〇年八月，當瓦維洛夫正在喀爾巴阡山脈收集野草樣本時，四個乘著黑色房車前來的男人向他表示，莫斯科正急需他的協助；但事實上，他們卻把瓦維洛夫帶到薩拉托夫，將他囚禁在這個他植物科學職業生涯開端的牢籠。

接下來的一年，正當瓦維洛夫被監禁之時，二次世界大戰的德軍橫掃侵占歐洲各地，史達林開始將位在列寧格勒（一九二四年由彼得格勒更名為此）的五十萬件珍寶，包含繪畫、濕壁畫和寶石，從著名的艾米塔吉博物館移出，祕密地藏在各處，保護它們免受希特勒進攻部隊的破壞掠奪。但是史達林並不珍視、保護那些放置在瓦維洛夫種子銀行內，兩千五百種糧食作物的三十八萬種種子、根部與果實。

但是，每當人類歷史經歷黑暗之時，總會有人性的光明面展現，使奇蹟再次出現。而這次則是拯救了種子銀行，使它免於在列寧格勒圍城戰時遭受破壞。種子銀行的工作人員不讓希特勒掠奪這些由他們與瓦維洛夫費盡心力收集而來、珍貴至極的資源。當列寧格勒被封鎖斷糧時，人們開始吃起老鼠，一群局裡的科學家將自己關在漆黑、零度以下的建築物裡，裡面的環境比起外面的街道更加嚴酷。他們輪班保衛這些種子，在眼前的是存放著裝有稻米、豆子、玉米及小麥的容器，但是他們不願吃下任何一粒穀糧。艱辛守衛著這最偉大收藏之一的九位瓦維洛夫的同事，就這樣因飢餓或疾病而相繼去世了。

於此同時，一九四三年，這位偉大的植物收藏先驅也在牢裡

過世。為了杜絕饑荒一再地發生，瓦維洛夫不辭辛勞環遊五大洲，收集野生作物的種子，期望未來人們不必再經歷他在孩童時期所經歷的饑荒；但最終，瓦維洛夫還是死於畢生所致力避免的——飢餓。今日，他的故事展示在眾人面前，提醒著我們：當政治凌駕於科學之上時，科學是無法改善人類生活的。

第 15 章

植物醫藥

BOTANICAL MEDICINE

DIGITALIS *calycinis foliolis ovatis, corollis obtusis labio superiore integro. Linn.*

十八世紀的毛地黃插畫，
由喬治・狄俄尼索斯・埃雷特（Georg Dionysius Ehret）繪製

英國科學家羅伯特・羅賓森爵士（Sir Robert Robinson）是一九四七年的諾貝爾化學獎得主。這位知識巨擘的研究橫跨有機化學的各個領域，其中最偉大的成就之一，就是研發出如何以人工方式量產盤尼西林，也因此拯救無數生靈。不過，在他的諾貝爾得獎引文中更被加以強調的成就，則是「在生物學上極為重要的植物產物研究，特別是生物鹼（alkaloids）」。因此，什麼是生物鹼？為何它擁有如此高的價值呢？ 189

　　生物鹼是植物產出的生化化合物當中的一類。雖然生物鹼的功能尚未被完全釐清，但它確實提供了植物本身一些保護作用，對抗病原菌與草食性生物。植物不像動物，遇到威脅時無法逃跑，因此得仰賴化學物質來保護自己。它們利用自身合成的化合物，也就是所謂的特殊或次級代謝產物（specialised or secondary metabolites）來對抗威脅。多數的生物鹼都有一個共同特性，就是有苦澀味。苦澀味能驅走多數的草食性生物以及人類；然而，這些化合物也能為人類提供某些益處。它們通常能被當成藥物使用。

　　英國皇家植物園僑佐爾實驗室（Jodrell Laboratory）的副主

任莫尼克・西蒙茲（Monique Simmonds）博士研究植物產出的化合物成分，並分析它們不同的藥用潛能。「這些成分並非為了人類的利益而存在，」她表示。「它們的存在目的，通常是為了保護植物本身，比如對抗昆蟲。」同時，有些成分則會使植物的葉片與莖幹上的細微小洞閉合，這與人類細胞調節發炎反應的過程類似，因此這些化合物可能具備了開發成抗風濕藥物的潛能。

190

　　現今使用的強效止痛劑嗎啡，是在一八〇四年被發現的。它是最早被發掘的生物鹼之一，但分子結構卻遲至一九二五年才被羅賓森爵士解構出來。其他的生物鹼還包含可用來治療瘧疾的奎寧（quinine）及其後續衍生物，以及在馬達加斯加的長春花（*Catharanthus roseus*）中發現的化合物，它可用來治療兒童白血病與霍奇金氏病。

　　羅賓森最重要的突破是，他使用天然的原始材料與條件來合成這些強效複合物（以較簡易的材料產生化學反應並生產之），這個新方法與過去大相逕庭。以往是利用高溫、高壓的方法來製造所需的活性化合物。羅賓森的第一個成功例子是托品酮（tropinone），它被用來治療某些心臟症狀與支氣管問題，在進行眼科手術時也會使用。

　　藥用植物的歷史可追溯到很久以前。遠在科學家們開發出研究方法、探討植物化合物及其獨特醫藥用途間的關聯性之前，人們就開始用它們來治療疾病了。以毛地黃（*Digitalis purpurea*）為例，外觀上它迷人的粉色、紫色鐘形花朵形象，和它實際所具有的毒性特質截然不符，這點可由它的暱稱「死人之鐘」窺見端倪。然而，它的治療功效卻是人類長久以來早已知曉的事實。一

位英國醫師、同時也是植物學家威廉・威瑟林（William Withering），他從古老的口傳知識中得到啟發，嘗試以毛地黃的浸液來治療水腫；該水腫是因體液淤積而引起的腿腫，經常與充血性心臟問題有關。他寫到：「在一七七五年，當我被徵詢一個治療水腫的家庭療方時，得知了在什羅普郡有位老婦人長久保存著這個密方。有時候一般醫生無法治療的病例，卻能被這位婦人成功治癒……這藥方包含了二十種以上的藥草，但深諳此道的人其實不難發現，這當中具療效的藥草就是毛地黃。」他將其拿來治療病患，成功率竟高達百分之六十五至百分之八十。但一直要到十九世紀晚期，毛地黃中的兩種主要複合物——長葉毛地黃苷（digoxin）以及毛地黃毒苷（digitoxin）才被分離出來，並被成功鑑定出這兩種活性化學物質具有調節心臟運作的功能。

　　柳樹皮被視為草藥，這樣的紀錄在官方史料上極少出現；它被發現具醫藥特性的過程，純粹是機緣。一位英國牧師愛德華・斯通（Edward Stone）記載：「過往的經驗讓我發現，有一種英國樹木，它的樹皮是強效的收斂劑，對於治療瘧疾〔熱病〕與間歇性的疾病極具療效。大約六年前（一七五八年），我無意間嚐了它一下，它極端的苦澀味太讓人驚訝了；但同時也讓我猜想到，它可能擁有秘魯金雞納樹皮（cinchona bark）的特性。」斯通為此收集了一些柳樹皮，將它們乾燥後磨成粉末，並在他家附近的牛津郡鄉間地區對村民進行試驗。他將試驗結果發表於當時權威的科學雜誌《自然科學會報》（ the Philosophical Transactions of the Royal Society ）。隨著對柳樹的興趣日益升高，一八二八年，一種名為柳醇（salicin）的化合物被證實是柳樹所具有的活性成分。

191

它在實驗室中可轉化為水楊酸（salicylic acid），是一種強效的解痛劑，但也與引發胃痛和胃潰瘍有關。一八九九年，德國科學家將水楊酸轉化為乙醯柳酸（acetysalicylic acid），對胃部較無副作用。這就是現在所熟知的阿斯匹靈。

192 　罌粟（*Papaver somniferum*）的醫療效果，和它細緻美感的鮮豔花朵及獨特的圓果外殼一樣，長久以來都備受讚賞。鴉片就是從罌粟的乳白色汁液中萃取出來的。希臘與羅馬時期的史料記載，罌粟是一種能抒解悲傷與減輕痛苦的藥物；而文藝復興時期的藥草學家帕拉塞爾蘇斯（Paracelsus），則相信罌粟能使人永生。到了十九世紀，當時的中國強烈反對英國傾銷印度鴉片進入中國市場，因此鴉片成了兩次戰爭衝突中的要角。罌粟所含有的主要活性化學成分，就是首個被分離出來的生物鹼——嗎啡。嗎啡在一八〇三年被成功分離，一八二七年被命名，並開始在德國進行商業量產。

　當然，皇家植物園也注意到了生物鹼的藥用益處。十八世紀晚期開始至今，世界各地的藥用植物都陸續落腳英國皇家植物園，被培植、研究，並分送至其他植物園。而自一八四〇年起，英國皇家植物園與英國皇家藥學會也開始收集生藥，如磨成粉末的樹皮、切成塊狀的根、乾燥的葉片，以及無數的藥材。如今，皇家植物園的經濟植物典藏中心（Economic Botany Collection）大約存有兩萬份的樣本。在光潔木櫃內的收藏，見證了那個年代裡無畏的植物獵人、先驅的藥理學家，以及早期製藥者們的努力成果——在那個有至少四分之三的藥物都是從植物中萃取出來的年代。近來典藏中心增加的收藏，還包括了過去二十年間自中國

Papaveraceae.

Papaver somniferum L.

嬰粟，長久以來它的藥用特性備受讚賞

收集而來、將近四千種的藥草，反映出全世界醫藥與醫藥系統的持續進展。

　　這些皇家植物園的木櫃，是十九世紀下半期藥師們的醫藥訓練箱。木櫃裡的藥材提供了藥師絕佳的機會，可以提早認識大量的藥用植物；這些藥草被認為可以治療維多利亞時期的各種疾病。在當時，人們對七大罪中的暴食似乎不太在意，因此有許多疾病都與消化不良有關。治療的瀉藥中包含了番瀉葉（senna），亞洲大黃（Asiatic rhubarb，與英國植物園的品種不同），以及蘆薈。蘆薈的黑色乳汁之功效，與現在拿來舒緩用的蘆薈凝膠，兩者是完全不同的。另外，櫟癭（oak galls）則被認為能有效治療腹瀉。[*]

194　　在經濟植物典藏中心（EBC），可以找到更多維多利亞時期的療方，治療更嚴重的健康問題。比如鴉片產品，像鴉片酒就是頗受歡迎的止痛劑，上至維多利亞女王、下至嬰兒都會使用，女王就曾在分娩時使用過。烏頭（*Aconitum napellus*），是莎士比亞劇作裡家喻戶曉的角色——羅密歐用來自殺的毒藥。加入烏頭的溶液，是當時廣泛用來治療熱病及所謂「汗症」的療方。治療熱病在當時是極其重要的事，因為不僅大英帝國在不斷擴張的世界各領地內有著嚴重熱病，就連自家門口也備受威脅。每年夏季，倫敦、肯特郡、諾福克郡與林肯郡的沼澤地區皆有熱病流行，而

---

[*]　譯註：亦稱 oak apple，中文學術譯名為櫟葉沒食子。櫟屬植物上常見的一種大而圓的、蘋果狀的癭，由外部生物對植物產生刺激，引發的植物不正常增生現象。

這熱病就是我們熟知的瘧疾（malaria，後來被稱為 agues）造成的。奧利弗・克倫威爾（Oliver Cromwell）年少時就曾得到熱病，並終其一生深受反覆發作的痛苦所折磨。當時認為這些病症是「壞空氣」造成的，此即 malaria 一詞的由來。*

　　藥用植物發展史與皇家植物園兩者間最精彩的交集，就是抵抗瘧疾這點了。經濟植物典藏中心（EBC）的收藏品中，有超過一千種的樣本都與金雞納（cinchona）的發展及用途相關。金雞納樹的樹皮擁有療效，它內含奎寧及各種衍生物，可以對抗引發瘧疾的瘧原蟲（*Plasmodium* parasites）。據說金雞納樹是以西班牙金瓊（Chinchón）伯爵夫人來命名；傳聞在一六三八年時，就是該樹皮治癒了染上熱病的伯爵夫人。而當時熟知這帖自然療方的耶穌會傳教團，則將其稱為「金雞納」（quinquina）或「樹皮之王」。

　　包括大英帝國在內，對那些有染指熱帶地區野心的歐洲帝國主義者來說，瘧疾真的是一種災難。數以千計的生命在非洲與亞洲的擴張征戰中喪生。在十九世紀一位英國船員的詩歌疊句中，這段歷史以一種黑色幽默的方式被巧妙總結出來：「要小心注意那貝南灣啊／四十個人去了只得一人返。」如今，前線迫切需要對抗瘧疾的療方，因此尋找金雞納樹皮抵抗瘧疾的任務刻不容緩；但找尋收集金雞納樹皮的工作卻面臨了兩個問題。一個問題是，它的原生地分布於安地斯山脈一些最不易到達的地區；另一

195

---

* 譯註：malaria 一詞源自義大利語 mala aria，即「毒氣、瘴氣」之意，曾被認為是瘧疾成因。

個問題是，金雞納樹約有三十種物種，但沒有人知道是否所有種類，或當中只有某些種類的樹皮才擁有神奇的力量。

為了帶回金雞納樹的樹皮及種子，數十個探險隊整裝出發，但大半都鎩羽而歸，許多採集者都被叢林給吞噬了。十八世紀時，法國的拓荒者拉孔達明（Charles Marie de la Condamine）（他也使我們注意到產生橡膠的樹種）設法尋得了正確的金雞納樹皮與種子並準備運往歐洲，但它們卻隨著沉船沒入了大海之中。就如同馬克・宏尼斯保（Mark Honigsbaum）的著作《熱病之路》（The fever trail）中寫的：「這樹似乎像是被古老的印地安詛咒所保護著。」

金雞納樹與種子最終還是成功地運抵了歐洲。一八二〇年，法國的化學家皮埃爾・約瑟夫・佩爾蒂埃（Pierre Joseph Pelletier）與約瑟夫・凱文區（Joseph Caventou）首次在實驗室中將奎寧從金雞納樹皮中分離出來，不久之後佩爾蒂埃便在巴黎建立了奎寧萃取廠。在這重要的新藥探索爭逐賽中，英國也不甘落於人後。一八二三年，霍華德氏藥廠（Howards & Sons）也開始生產奎寧生物鹼。霍華德氏家族企業的一位後裔約翰・艾略特・霍華德（John Eliot Howard），是維多利亞時代最受矚目的奎寧專家之一。他同時身兼植物學與化學的專業背景，為他在辨別倫敦碼頭上一袋又一袋的金雞納樹皮時帶來莫大助益。在倫敦家中的溫室，他也致力於種植不同種類的金雞納樹，更是增長其專業知識。約三十種的金雞納樹彼此相似，容易雜交，而每種樹皮都有著各自不同的藥用生物鹼圖譜；雖然如此複雜，但霍華德總是能夠找出其中最有效的種類。

　　然而當時的夢想，是希望能在大英帝國所控制的領土內廣泛 196
種植金雞納樹，並大量生產優質低價的奎寧。由於當時英屬印度
的瘧疾致死率相當高，想當然耳，印度當局自是極力推行這項計
畫。此計畫由英國皇家植物園規畫，他們組織了一個英國團隊，
於一八五九到一八六○年間啟程航向南美洲。理查德・斯普魯斯
（Richard Spruce）與他的植物學家同僚們收集了種子與植株，帶
回皇家植物園，並將它們寄送到印度。那些在艱困旅程中存活下
來的、並在之後也被證明能產出奎寧的植株，便在大吉嶺山丘地
與南印度等地廣泛栽種。隨後在一八六○年代，醫療官員們在馬
德拉斯（Madras，即現今的清奈）、孟買（Bombay）與加爾各答
（Calcutta）等地進行大規模臨床試驗。結果顯示，將移植印度的
樹種樹皮中萃取的四種奎寧生物鹼合併使用，對於治療瘧疾有很
好的效果。隨後，印度當局更利用龐大的郵政系統來廣發奎寧，
以確保即使是偏鄉地區最貧窮的人民，也都能取得奎寧來治療瘧
疾。

　　相反地，也有著與英屬印度截然不同的例子。當時，在荷蘭
的殖民地爪哇種植了一種特殊的金雞納樹品種，該品種含有豐富
的主形態奎寧生物鹼，在歐洲藥典中備受青睞。爪哇靠它締造了
興盛的外銷產業。查爾斯・萊傑（Charles Ledger）隨後也到玻利
維亞收集了該品種的種子，當然他少不了在地嚮導的陪伴，如果
採集過程中沒有在地嚮導的陪伴，這些歐洲的植物採集者沒有一
個能生還，更別提要找到目標植物，或理解其用途了。萊傑的嚮
導是曼努埃爾・音夸・馬瑪尼（Manuel Incra Mamani，這位在地
嚮導的名字能為世人知曉，這例子實在很罕見）。但可惜的是，

錫蘭（今斯里蘭卡）馬杜勒西默（Madulsima）的金雞納樹，
一八八二年。奎寧是由樹皮萃取而來，被用來治療瘧疾

萊傑與馬瑪尼都沒能在這項尋覓種子的功績中獲益。一八六五年，當收集到的種子抵達倫敦時，印度的金雞納樹培植事業已經相當成熟，因此皇家植物園對這批種子興致缺缺。最後，這批種子僅以六百荷蘭盾（相當一百二十英鎊）賣給荷蘭，馬瑪尼則因走私種子被逮捕，數年後就去世了。

因為歐洲對金雞納的需求，使得金雞納樹被大量砍伐剝取樹皮，到了一八五〇年代，原生地安地斯山脈的金雞納樹數量幾乎已瀕臨耗盡。還好，荷蘭與英國及時在他們的亞洲殖民地種植了金雞納樹。

198

一九三〇年代，研究人員將奎寧轉化成氯化奎寧（chloroquine）與伯氨喹（primaquine），這是最早被合成出來的兩種奎寧衍生物，且都是有效的抗瘧藥劑。但隨著對這些療方所產生的抗藥性越來越高，新藥的研發也跟著驅動。一九九〇年代，持續進行的新藥研發達到了巔峰，當時發現一種相當有潛能的抗瘧劑——青蒿素（arteminisin），它是從黃花蒿（Artemisia annua）分離出來的生物鹼，其原生地在亞洲的熱帶地區。

能夠發掘青蒿素，得歸功於傳統中國醫學的啟發，傳統中醫就有用來治療熱病的藥草。古老與現代的傳統知識相繼提供重要的線索給研究者，來辨識這類藥草。估計資料顯示，世界上已知的植物種類當中，大約只有百分之二十被研究、開發其藥用潛能；在這種時候，這些線索的重要性就顯而易見了。

即使如此，在所有的藥物當中，就有約四分之一來自植物或真菌產出的化合物；從後者開發出來的藥物中，就包含了抗生素、免疫抑制劑、治療高膽固醇的藥物，以及抗癌藥物。皇家植

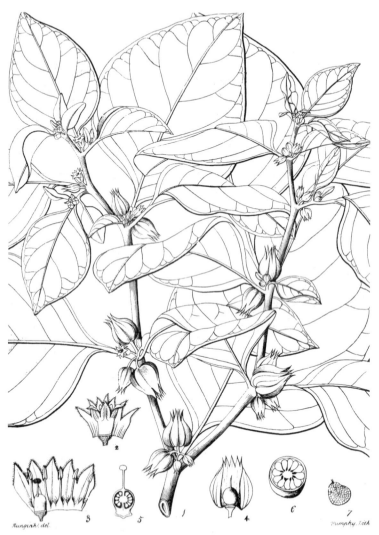

睡茄，印度人蔘。經研究認為，
其生化特性有對抗失智、痛風、糖尿病及癌症的潛能

物園正在進行研發的，是可被用來治療輕微至中度阿茲海默症的加蘭他敏（Galantamine）；另外，其與萊斯特大學（Leicester University）共同合作的實驗則證實了，從稻米分離出來的麥黃酮（tricin）具有治療乳癌的潛能。

皇家植物園的研究人員站在研究的最前線，帶領我們更進一步地了解植物所含有的化合物圖譜，這些知識能夠解釋藥用植物在傳統上的用途。「皇家植物園已經是公認最值得信賴的單位，」實驗室副主任西蒙茲表示。「我們每年有超過一千項的諮詢，希望能協助鑑定藥用植物。這當中約有百分之三十五的植物在鑑定後，發現根本不符合其原先所聲稱的藥物、化妝品或食品用途。有時候是因為植株不正確，或是取錯了萃取液。我們最常被請求鑑定的物種，就是人蔘。我們得檢查在市場上販售的人蔘是來自美洲還是亞洲的品種，因為美洲品種是受瀕危野生動植物種國際貿易公約（CITES）所保護的；這也是皇家植物園在動植物保育上應負的責任。此外，我們也會檢查送檢樣品是否有毒性物質存在。」

皇家植物園的藥劑師梅拉妮・豪斯（Melanie Howes）致力於研發治療失智症的藥物，她由睡茄（*Withania*）著手進行研究。這種原生於印度的美麗植物有著天鵝絨般的葉子，及包裹深橘色莓果的紙質外鞘，通常被稱作印度人蔘（Ashwagandha、Indian ginseng，也稱為冬櫻花），它的名稱恰好顯示了其在醫用潛能上的重要性。在悠久的古印度阿育吠陀醫學中，印度人蔘一直是抗疲勞、疼痛與壓力的補品。

豪斯與紐卡索大學合作研究印度人蔘的根部萃取物；經過測

試之後，發現萃取物中的物質對導致失智症的兩種認知型障礙有阻抗效用。而其他研究單位也對印度人蔘的其他生化物質進行分析研究，以期能應用於治療痛風、糖尿病與癌症上。

先進的高端技術，伴隨著來自傳統藥草知識的民俗醫療指引，使得科學家篩選潛在藥物的工作如虎添翼。以 DNA 為基礎的研究，讓植物學家們能更加清楚地了解植物種類之間的關係，並進一步幫助他們找出具有類似生化特性的植物，進而篩選出有藥用潛能的物種。

201　　皇家植物園的植物標本館，是一塊吸引科學家從事研究的磁石。從它的收藏中，研究人員能找到對抗健康殺手的潛力股。其中一個例子就是栗豆樹（Moreton Bay chestnut〔*Castanospermum austral*〕），它是澳洲的原生樹種，種子內含有栗樹精（castanospermine），可以抑制一些特殊酵素，包含病毒複製過程中所需的酵素，因此它也被廣泛地用來治療愛滋病。

面對當地人民與專家學者的權利，皇家植物園一直小心翼翼地拿捏雙方的平衡。皇家植物園與約一百個國家的在地社區進行合作，這些地區仍舊相當倚重傳統藥草的醫療方式。西蒙茲說：「這是個雙贏的局面。這些藥草會是未來最有可能發展成新藥的希望；且若當地的植物被開發成新藥，當地社區也會因此獲益。然而我們也不能只專注在藥物發展這一件事上，還必須同時兼顧對當地社區的尊重，並協助保育他們的自然資產。」

在某些特定地區，比如漠南非洲（sub-Saharan Africa）的大部分人民，尤其是住在鄉村更為貧窮的居民，對傳統藥草的倚重，更甚於來自「大藥廠」的藥物。西蒙茲承認：「相較於現代

藥物，有些地區的人們似乎更相信傳統草藥。進一步了解這背後的因素是非常重要的。因為在現代醫療中，一些商品化的藥物對人們幫助很大；尤其是疫苗的施打，如果他們拒絕，就很可能遭受非必要的死亡。」

　　保存當地傳統藥草的知識，與保存藥用植物本身同樣重要。舉例來說，在迦納（Ghana）的某些社區，對傳統藥草的認知有著很大的落差。在二十八歲到五十七歲的年齡層中，仍有相當比例的人知悉這些藥草醫療知識；可是在十八歲到二十七歲的年齡層中，只有百分之二的人知道這些知識。「越來越少年輕人會注意到傳統草藥，特別是住在城市裡的人，」西蒙茲說。「相反地，有些村落還留有一些耆老，保有辨識高品質藥用植物的專業智慧。」

　　假如我們能從傳統藥草研究中獲益，那麼一定要確保在全新的、透明的策略下，這些利益能夠共享。當地的人們必須享有利益，因為他們長久以來守護著這些有醫療效用的植物；研究人員也得享有利益，因為他們讓人們更進一步了解植物如何能做為藥物使用；還有藥廠，藥廠在前兩者的引領下投資新藥的開發，使人們有安全的藥物可用。

第 16 章

生長的信號

SIGNALS OF GROWTH

ORIZA SATIVA L.
Der gemeine Reiß.

水稻，發現植物荷爾蒙激勃素的關鍵植物

植物科學的一些重大突破，是建立在眾多科學家們年復一年 205
的辛勤研究上。在科學的領域中，除了諾貝爾獎的另一重
要大獎——巴爾贊獎（Balzan Prize），主要是頒給諾貝爾獎項之
外的科學學門。一九八二年的巴爾贊獎加上十一萬美金（六萬四
千英鎊）的支票，落在肯尼斯・蒂曼（Kenneth Thimann）的身
上。蒂曼的研究替達爾文所引發的長期爭議寫下了句點。但這
次，與達爾文相關的話題並不是演化論，而是植物的荷爾蒙：一
種由植物本身所產生的生化物質，作用於植物的細胞與組織，最
終影響植物的生長與行為。

　　蒂曼在英國出生，並接受教育，一九三〇年移居到美國。天
資聰穎的蒂曼，在研究植物如何製造花與果實的色素、光的波長
在光合作用中所扮演的角色，以及植物的老化機制上，都取得了
重大的進展。但他最為人所知的成就，則是在一九三四年分離、
純化出植物共同的生長荷爾蒙——植物生長素（auxin）。

　　生長素是一群與植物生長有關的荷爾蒙，字源來自希臘文的
auxein，意思是生長或增加。它們在植物的莖頂或根尖被製造出
來，藉由改變該部位植物細胞延長的速率，來控制植物的高度。

206　植物枝條會向陽光彎曲的現象，也是由生長素控制的；生長素讓背光面的細胞較為延長（背光面的生長素濃度較高）。生長素也與果實的生成過程有關。而生長素也會和其他植物荷爾蒙相互合作或拮抗，來調控植物的行為。例如，生長素與另一個稱為細胞分裂素（cytokinin）的植物荷爾蒙，在植物器官分化上就扮演了重要的角色：它們的比例多寡，決定了植物細胞要發育成根或芽。

　　蒂曼發現了一種名為吲哚乙酸（indole-3-acetic acid, IAA）的植物生長素。他鑑定出這個荷爾蒙的化學結構，開啟了以人工合成植物生長素的大門，在農業及園藝應用上成為相當重要的一項利器。但蒂曼的研究被他人所用，開發出極富惡名的橙劑（Agent Orange），讓他的研究成果引發不小的爭議：越戰時廣泛使用橙劑，使越南的作物與森林慘遭破壞，為當地的原生植物帶來巨大浩劫。

　　在皇家植物園裡，園藝學家偶爾會使用生長素來繁殖植物，對象是那些使用傳統繁殖法但成效不佳的稀有植株。而要繁殖較老的植株更是一項嚴峻的挑戰，例如那些在皇家植物園溫帶植物室裡的植物。溫帶植物室是皇家植物園最大的維多利亞時代溫室，現在正在整修重建。*通常從衰老的、木質化的，或生長緩慢的植株摘剪下來的枝條，都會因為這些植物過於孱弱或樹皮太厚，以致不能快速地長出新根而存活下來。但生長素可以加速發

───────────────

*　譯註：皇家植物園溫帶植物室於二〇一三年八月四日起暫時關閉，預
　　計花五年時間整修內部。

根的過程，進而解決問題。皇家植物園溫室主任格雷・雷德伍德（Greg Redwood）描述他們如何利用生長素來達成繁殖任務：「我們選擇最健康的枝芽，將樹皮刻開，使其下的活組織暴露出來，並在傷口上使用吲哚乙酸這個能促進發根的荷爾蒙，再以蘚苔與錫箔紙包紮，保持濕度，直到根發出來。」此方法也就是所謂的空中壓條法（air layering）。

生長素除了催化根的生長，在植物的歷史中，它們還有另一項重要性，那就是給予植物應對外來刺激的能力，使植株能對外在環境的變化做出反應。有些科學家將植物的這個現象拿來與動物的神經系統做比較，但蒂曼在他的書《荷爾蒙對植物一生的影響》（*Hormone Action in the Whole Life of Plants*）中，卻趨向保守、謹慎地認可這樣的說法：

> 像開花植物這樣一個複雜的生命體，將它全部的細微調節變化，都看成是化學物質的流動擴散，這樣的概念其實是有點曖昧模糊的。這種概念奇妙的巧合成分居多，而且乍看之下似乎也不夠精準。這或許就是為什麼，有些古怪的人總是不斷宣稱植物也具備一些感知能力：譬如懂得欣賞音樂、對禱告有所反應、能辨識觀賞者，或照護人的內心善惡意識等等——那是有著發達神經系統的生物才會具備的能力。而當我們能毫不猶豫地摒棄這些一廂情願的想法時，我相信人們會發現，比起僅由一群化學物質的分泌與流向所能發揮的調控能力，神經系統在精細度與即時性上的調控能力，還是較具效果。

　　植物荷爾蒙與植物運動之間的關聯，正是蒂曼與達爾文之間的連結。自古希臘以降，植物運動一直是人們甚感興趣的議題，也一直存在著高度爭議：有一方認為植物運動純粹是機械性的，另一方則相信植物運動反映出在某些形式上其對四周環境的敏感或覺知。

　　十八世紀下半葉，植物運動成為植物科學家間不斷延燒的熱門議題。瑞士博物學家查爾斯·邦奈特（Charles Bonnet）進行一些最早期的、包含控制組的植物運動實驗。達爾文的祖父伊拉斯謨斯（Erasmus Darwin）[*]是支持感覺論的早期先鋒之一，他認為植物是敏感的生命體，並且擁有自主運動能力。他甚至認為在枝芽裡有大腦存在，可以對周遭刺激產生反應，同時也認為植物的行為至少有某部分是透過學習而來的。這樣的想法也影響了他的孫子達爾文在演化研究上的思維：植物的演化過程中，它們的感覺行為或許扮演了一些角色。

　　伊拉斯謨斯認為，植物的行為是一種爭奪生存資源的表現。比起撰寫索然無味的科學文章論述，伊拉斯謨斯決定用詩句來表達他的想法。下面是選自他如史詩般的一八〇四年《自然聖殿》（*Temple of Nature*）詩篇中的一段：

　　啊！微笑的女神，駕著全副武裝的戰車，

　　越過植被戰爭的層層陣列；

＊　譯註：為區分人名，本段以名字稱呼達爾文的祖父，並一律以家族姓稱呼查爾斯·達爾文。

208

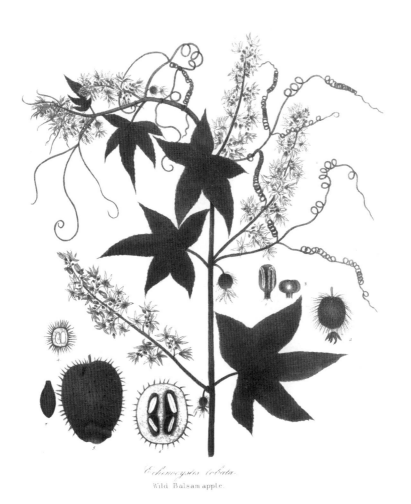

Echinocystis lobata.
Wild Balsam apple.

野生香苦瓜，達爾文用來進行植物移動實驗的材料

草本、灌木與樹木激烈昂揚，

參與爭奪光線與空氣的天空之戰：

根條逆行著四處奔忙，

只為爭奪濕氣與土壤的滋養。

　　到了十九世紀初期，關於植物運動到底是一種控制，抑或只是機械性的運動，這兩者間的辯論更加激烈了。達爾文在一八六〇到七〇年代期間進行了一系列實驗，從中所獲得的證據，使他更加堅定地支持前者。然而光合作用研究的翹楚——德國科學家朱利葉斯・馮・薩克斯（Julius von Sachs），卻是達爾文的頭號反對者。朱利葉斯堅持，植物沒有任何細胞具備感知周遭環境的特殊能力，當然更沒有能主動依循環境變化而調適的能力。

　　就在發表《物種起源》一書後，達爾文隨即被圓葉茅膏菜（Drosera rotundifolia，又稱圓葉毛氈苔）深深吸引，這是一種喜歡在沼澤地區生長的茅膏菜屬食蟲植物。在一八六〇年十一月寫給律師暨地質學家查爾斯・萊爾（Charles Lyell）的信裡，他驚呼這植物實在令人戰慄。他發現該植物的觸覺比人類的皮膚更加敏感，它敏感的纖毛似乎可以對不同的目標展現不同的反應。

　　達爾文同時也關注攀緣植物，例如野生香苦瓜（Echinocystis lobata）。他特別著重研究野生香苦瓜如何控制莖的纏旋與盤繞，即生物學家所說的迴旋轉頭運動（circumnutation）。為了觀察該現象，達爾文在植物的根莖葉等器官上固定一根帶有蠟珠的玻璃針，以目測方式對照卡片上的一個點，並將蠟珠的位置標記在玻璃上。他在不同時間點重複這項實驗，並將這些標記連接起來，

210

形成植物運動的軌跡。而這樣的實驗方法也被視為是延時攝影的原型。

　　達爾文發現，當植物的捲鬚找尋目標，並將自己纏繞在物體四周時，就像茅膏菜屬的腺毛那般，其所表現出來向外探索的種種行為，似乎有著比人類手指還敏銳的觸覺──這就是他在一八六三年時所讚賞的「美妙的技巧」。達爾文和他的兒子法蘭西斯（Francis Darwin）＊使用金絲雀蘆草（Canary grass〔*Phalaris canariensis*〕）做為實驗材料，進行精細但簡易的延伸實驗，研究金絲雀蘆草的幼苗是如何向光生長的。當他們包覆、遮蔽幼苗芽頂後，幼苗便不再向光彎曲。達爾文父子的結論是：「這些結果似乎暗示植物的上端有某種物質，會受陽光激發傳到植物的下端，進而發揮作用。」達爾文並將他的理論完整發表於一八八〇年《植物運動的動力》（*The Power of Movement in Plants*）這本著作中。

　　一開始達爾文的想法被植物生理學的同行否定，但漸漸地，在其他科學家累積更多證據之後，確定了在植物頂端的確存在一些具活性且可傳導的物質。雖然早在一八八五年，德國生化學家恩斯特‧賽科沃斯基（Ernst Sakowlski）就從發酵過程的副產物裡發現一種生長素的化合物，但第一個被分離、純化出來的生長素，卻是一九三一年由弗里茨‧科戈（Fritz Kogl）與阿里‧揚‧哈根‧斯米特（Arie Jan Haagen-Smit）在人類的尿液中找到的三

211

＊　譯註：為區分人名，本段以名字稱呼達爾文的兒子，並一律以家族姓稱呼查爾斯‧達爾文。

醇酸（auxentriolic acid）（也就是所謂的生長素 A）。之後科戈又從尿液中分離出其他成分，都與生長素 A 有著類似的結構與功能，其中一個化合物就是大名鼎鼎的吲哚乙酸（IAA）——之後由蒂曼首次將它從植物中分離出來。

生長素對園藝家而言是一項利器，它能使插枝快速發根；但在農業方面較受關注的，則是另一種植物荷爾蒙。會發現此荷爾蒙，是因為一種被日本農夫稱為笨苗病（*bakanae*, foolish seedling）的水稻病害。當稻米得了這種病後，植株會一直生長、伸長直到倒伏田間，就像醉倒在陰溝的無用醉漢，因而有此稱呼。

一八九八年，日本科學家堀正太郎（Shotaro Hori）揭示笨苗病的罪魁禍首是一種真菌。一九三五年，藪田貞治郎（Teijiro Yabuta）即從真菌中分離出這種造成植物徒長的特殊分子，並將它命名為激勃素（gibberellin）。* 但直到二次世界大戰後，這個發現才在科學圈內傳開。一場研究激勃素如何作用於植物的競賽就此展開。距今五十年前，這個研究讓一些重要作物得以發展出矮種變種，改變了全球的生產模式，帶來了所謂的綠色革命（Green Revolution）。

牛津聖約翰學院的尼克・哈伯德（Nick Harberd）教授向我們述說一個精彩故事，講述綠色革命中的一項最大成就。「在一九五〇到六〇年代間，當其他人都在從事矮種稻米的研究時，諾曼・布勞格（Norman Borlaug）培育出一種高產量的矮種小麥。這種矮種小麥有著極高的產量，因為它將生長資源集中在結穗，

---

* 譯註：臺灣慣用譯名為激勃素，亦有吉貝素之稱。

Pomme Princesse

植物荷爾蒙在果實完熟的過程中有其重要功能，
例如用來催熟蘋果

而非莖桿的成長上。產量提升了，就能餵飽人民。」多虧布勞格的矮種小麥，其拯救了墨西哥、巴基斯坦和印度共十億遭受饑荒的人口，也因此他於一九七〇年榮獲諾貝爾獎。

213 如今，哈伯德團隊已是「植物矮化分子鑑定」的第一把交椅。植物會矮化，是因為一些基因抑制了激勃素的生產，而它也會影響種子與果實的大小。哈伯德的成果啟發了後續研究，科學家們藉由調控那些控制荷爾蒙作用的基因，來使作物能夠適應一些全球氣候變遷所造成的嚴酷環境，比如乾旱或鹽化。

跟植物生長素一樣，激勃素並不是單一化合物，而是一群荷爾蒙。到目前為止，已有一百三十六種激勃素被鑑定出來。因著不同種類的激勃素及植物種類，這類荷爾蒙有著各自不同的功能，也因此提供農夫們一個很重要的寶庫。除了扮演培育矮種變種的角色，激勃素還被用來促進蘋果與梨子的著果，使其不會因為前一年過度豐收而導致後續一年的欠收。而噴灑激勃素也可使葡萄變圓胖，以符合現代消費者的需求。

在一些採行現代農業施作法的地區，例如布洛格德爾（Brogdale）的國家水果農場，合成生長素是他們的開路先鋒。有一種名為萘乙酸（NAA）的生長素被用來維持完熟果實的產量；當果實開始成熟時，噴灑這種生長素可以幫助果實留在樹上，直至完全成熟可採收的狀態。

生長素的另一個特點是，它可以驅使植物自然地釋放氣態荷爾蒙——乙烯（ethylene），而這現象與果實的完熟高度相關。許多植物都能自然地釋放乙烯，其中最著名的就是香蕉；在古老的埃及歷史中，就有使用它來催熟無花果果實的記載。古代中國也

有類似的故事，他們在密閉的房間裡燒香來加速梨子的成熟。而在今日，誘發荷爾蒙乙烯則是被用來催化、加速蘋果與番茄的成熟，或使鳳梨可以同步著果。 214

　　科學家陸續發現許多其他類別的植物荷爾蒙，並分析它們在農業與園藝上的潛在功用。例如細胞分裂激素（Cytokinin），它被用來調節生長，並處理葉片老化的問題。科學家發現植物中若有過量的細胞分裂激素，可以延緩葉片老化；因此，藉由控制荷爾蒙濃度，或許可以加長葉子進行光合作用的時期，進一步增加其產量。而這項實驗的首要試驗對象，就是菸草——因為葉子是它最具經濟價值的部位。

　　同時，油菜素類固醇（Brassinosteroid）也是一種可以大量增加作物產量的荷爾蒙，例如馬鈴薯、稻米、大麥以及小麥等等。有趣的是，在較為艱困的農作環境下，這些荷爾蒙反而能夠發揮更強的作用。在最佳的耕種環境中施用這些荷爾蒙，只有少許的效益；但在有壓力的環境下，例如將處理過油菜素類固醇的稻米種子栽種於有鹽分的次佳環境中，它們與未處理過油菜素類固醇的種子相比，產量反而超出預期。顯然，這些曾被稱為「笨苗」的植物，還有很多值得我們學習的地方。

第 17 章

生物多樣性大揭密

UNLOCKING BIODIVERSITY

FLORA
GRÆCA
Sibthorpiana.

CENTURIA SEXTA.
1826.

ATHENÆ.

一八〇六年到一八四〇年間出版的植物學鉅作——《希臘植物誌》

在皇家植物園標本館一樓，沁涼的圖書館牆上裝設了一排窗戶，讓訪客得以一窺受嚴密溫濕調控的偌大貯存室裡保存的大量稀有藏書。這些藏書是圖書館最珍貴的一些皮革裝訂書籍，有些可以追溯到十五世紀後期。牛津植物學家約翰・希索普（John Sibthorp）和著名的奧地利植物插畫家費迪南德・鮑爾（Ferdinand Bauer）在一八〇六到一八四〇年間出版的十卷分裝《希臘植物誌》（*Flora Graeca*）也在其中。兩人於一七八六到八七年的兩年間，在東地中海航行從事學術考察，但之後卻花了十五年的時間整理、出版他們的研究成果。由於技術及財務上的困難，當時只能限量出版六十五套。然而這些辛苦都是值得的，這部書在當時被認為是植物學的空前鉅作，在市場上取得很好的銷售成績。精緻的書頁令人愛不釋手，優美的版畫更成功捕捉了他們所發現的每一個物種。

　　雖然這些植物誌製作非常精美，有著漂亮的手繪全頁插圖，但真正重要之處不在於這些金錢或歷史上的價值，而是它們所記錄的生物多樣性。這些植物誌是我們開始描述特定區域裡所有物種的最初成果，也成為我們對待地球資產的態度轉捩點。它們也

217

218

是我們評斷已知物種在特定地點存活或消亡的基礎。儘管這些書卷一開始是為上流社會人士所出版，用來在同儕間炫耀這些從全球收集來的知識，但在二十一世紀的今日，這些地區性的植物誌成為科學上最實用的記錄工具。

　　時至今日，製作植物誌仍是皇家植物園的基礎工作之一。「植物誌」一詞是指生長在某一地理區域裡，所有野生植物物種（有時也包括外來種和入侵種）的紀錄。目的是讓讀者能夠辨認出這些物種。雖然植物誌原文為「Flora」，[*]但內容通常也包括了針葉樹、蘚苔和蕨類等非開花植物。

　　在過去，植物誌都是裝訂成卷，包括便於攜帶至田野地辨識植物的小開本「田野植物誌」（Field floras），以及適合在家仔細研讀的大部精裝詳盡植物誌。如今考量經濟效益和實用性，許多現代植物誌都已上傳網路或製成電子書，讓無法親自造訪植物學圖書館的讀者們也能使用；同時也能在小型的手持設備上開啟，方便在田野地隨時查找資料。

　　不論植物誌的最終形式為何，其編纂過程還是依循西索普和鮑爾在十八世紀末採用的方式。首先，植物學家前往當地採集標本，並仔細記錄所有發現。特別的是，他們必須要有一套顏色擬真記錄系統，不然等到能夠製備圖像的時候，標本的顏色早就幾乎褪去了。另外，他們還得找出重現植物生長方式的方法；壓製過的植物標本通常無法清楚呈現這個部分。採集來的標本必須採用特別的保存方式，這樣回來後才能針對細部解剖、進行較大規

219

---

* 譯註：花神芙蘿拉的名字。

權充板凳的植物標本夾，
一九三○年北特蘭斯瓦爾（Northern Transvaal）考察隊

模的研究。最後，植物學家必須記錄每株植物的發現地點及採集
日期。

　　植物學家帶回採集成果後，就要開始下一階段的工作。他們
必須使用（拉丁文）學名來幫植物正確命名。在植物誌上也會列
出所有的同物異名，以及所有其他曾經用來描述過這種植物的名
字。這株植物有可能在之前被認為是別的物種，但現在又被合併
到另一個物種內。上頭還會有一些註記，用來解釋該植物的花朵
色系、果實風味，以及偏好的棲息地種類等資料。

　　皇家植物園的非洲旱地研究團隊（the Africa Drylands team）
主管伊恩‧達比夏爾（Iain Darbyshire）解釋：「你在渾沌中創造
秩序。你從標本館裡面一群乾燥的標本開始，它們可能有錯誤的

220

名字，或者根本沒有名字。有幾百個標本等著你整理，每一個都需要經過充分的辨識程序。到最後，每個物種都有正確的學名，並提供我們完整的辨識知識。這些資訊在土地管理人員、生態學家、植物學家或研究科學家等各領域人員出田野時，是很有用的。」

植物誌所處理的物種，都是以所有可取得的採集成果為基礎，包括考察團採集的最新標本，還有標本館所保存、可回溯至十七世紀的收藏。大部分的植物誌會選用審查過的標本，讓未來的研究人員可以輕易地核對這些物種的紀錄。除了仔細描述每個物種，植物誌也會收錄一些辨識關鍵，譬如物種的棲息地及分布狀況，有時候還包括它們的保護現狀。

《熱帶東非植物誌》（*Flora of Tropical East Africa*）是皇家植物園有史以來最大的植物誌考察計畫之一。這個計畫開始於一九四八年，目標是編纂出在烏干達、肯亞和坦尚尼亞三個國家內，所有已經辨識出來的野生植物物種。一開始認為涵蓋的物種數量大約只有七千個左右。雖然即便這樣也預估要花十五年才能完成，但最後這個史詩般的計畫花了六十年的時間；當二〇一二年九月最終版的植物誌初步完成時，裡面記錄了超過一萬兩千一百個物種。其後以書籍形式發行時，高達二百六十三卷，占據了一公尺半的書架空間。整個計畫由二十一個國家、共一百三十五位植物學家參與，整部巨著描述了約一千五百個科學上前所未知的物種。光是這個計畫的最後四年期間，就增加了一百一十四個新物種。

東非可說是熱帶非洲最具生物多樣性的地區，也是全世界最

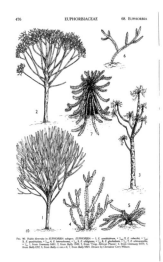

《熱帶東非植物誌》摘頁，
這是有史以來最大的植物誌考察計畫，囊括一萬兩千一百個物種

豐富的植物相之一。該地區包括各種不同的棲息地：草原莽原的分布範圍從賽倫蓋提（Serengeti）到烏干達雨林，泥炭沼地則位於吉力馬札羅山肩上。這裡也有著為數眾多的「特有種」——只生長在單一地區或區域的植物。這些特有種當然要優先保存，因為若它們從這裡消失，就代表這個物種自此滅絕了。不過當這個計畫於一九四八年開始之時，東非這個地區完全沒有當地植物的相關文獻紀錄。

　　就結果來看，植物誌是一項有效工具，能為一個地區帶來注意力，並開啟當地的研究和保存工作。東非植物誌計畫的前任主管翰克・班傑（Henk Beentje）特別強調一些罕見植物，包括一株來自坦尚尼亞、已知僅存於某片山坡上的植物。他如此評論：

222

「植物誌讓你能為這些物種命名，並能交流這些野生物種。若沒有植物誌，你沒辦法和其他人談論這些物種，相關科學工作甚至無法開展。」伊恩・達比夏爾補充道：「我們得先釐清以下這些事情：一個地區裡所有的物種多樣性；這個地區最具物種多樣性的區域；以及最罕見、最瀕危的物種。弄清楚之後，我們才能實行有效率的保育行動，並訂出適當的優先順序。另外，我們也要找出具威脅性的入侵物種，記錄它們首先進駐的地方，以及傳播區域。」

　　植物誌在環境保育的其中一個重要用途，是用來和營造業或採礦業的各大公司協商。就像翰克・班傑所說的：「東非正在進行很多開發工程，這是我們需要記錄所有物種的一個原因。」與肯亞國家博物館合作的自由植物學家暨駐奈洛比榮譽皇家植物園副研究員，昆汀・路克（Quentin Luke）解釋：「我的工作是評估礦產、道路和各種開發對環境的衝擊。在沒有植物誌可供參考的地區，你只能盲目地採集植物樣本，然後回到基地才發現漏掉了罕見物種。若在田野現場有植物誌，就能幫你篩選出重要的植物樣本。如果你能指出受衝擊的地區裡有具高度保育價值的物種，那麼相關公司就必須有所反應。」

　　植物誌也帶來一些驚人的事實。非洲堇（African violet）是這個地區的代表性物種，在英國則是非常受歡迎的室內盆栽植物；在園藝產業中，其商業種植的每年交易額可達約七千五百萬美金，大部分都是雜交種。植物學上所稱的非洲堇屬（Saintpaulia）植物，可說是世界上最具經濟價值的商業植物之一。但伊恩・達比夏爾為植物誌調查過這株植物，他說明了這個物種的野生情形

完全相反：「非洲菫屬植物在全世界只有不到十個物種，而且全部都瀕臨滅絕。這類植物起源於肯亞和坦尚尼亞，非常稀有，僅生長於低海拔森林的一小片地區。該地區與非洲物種最豐富的森林有關聯性，非洲菫因而成為當地保育工作的旗艦族群。」

「怎樣才是真正完成一部植物誌？」翰克·班傑的回答非常清楚：「沒有完成的時候。植物誌需要持續更新。只要出版了一部植物誌，大家就會使用這個作品，那麼就會常常有新的紀錄產生，有時甚至還會發現新的物種。我們仍然持續在東非尋找新的物種。」

有些資料以往不收錄在植物誌內。比如植物的當地俗名就常被排除在外，然而這類資料可能是民族植物學家在當地採集藥用植物時，很有用的背景資料。網路上新植物誌的優勢之一，就是可以用超連結來處理這類情報。

現在皇家植物園致力於建立電子版植物誌（e-Floras），企圖應用皇家植物園在這個領域的大量專業能力，來達到持續擴大存取植物學知識的目標。舉例來說，涵蓋整個尚比西河流域（包含尚比亞、馬拉威、莫三比克、波札那和辛巴威）的《尚比亞植物誌》（*Flora Zambesiaca*）現在已經數位化並上線。而建構、管理這些數位版植物誌的相關技術，也和正在進行類似大型任務的植物園分享，例如荷蘭最有公信力的萊頓植物園（Leiden Botanic Garden）的《馬來西亞植物誌》（*Flora Malesiana*）數位化計畫（涵蓋從印尼到巴布亞紐幾內亞的大部分東南亞地區）。現在皇家植物園及其他的世界級機構決心投入一個極具野心的目標：在二〇二〇年讓全世界的植物誌全面上線。

植物藝術家露西・T・史密斯（Lucy T. Smith）的作品，
非洲茄屬植物歐西加瓦茄（*Solanum phoxocarpum*）

　　然而，植物誌的插畫繪製方式是不會改變的。這些植物誌雖然已經上網，甚至可以從地球另一端透過手持設備來使用，但照片還是無法取代繪圖；還是需要有植物藝術家來繪製植物誌的圖片。

　　皇家植物園的植物藝術家露西・史密斯（Lucy Smith）用一個她之前做過、需要利用顯微鏡來觀察的草本植物標本，來解釋她的工作過程：「我從巨觀一直做到微觀。從我們所謂的植物『習性』開始。如果是一棵樹或一株灌木，那可能有一些帶著花或果實的枝葉；但如果是一片草皮，我就要繪製整株植物，包括根部、地下莖、莖、葉，以及它們連接的方式，最後加上花朵。」

　　「所以，」她繼續說道：「我表現出植物習性，然後特寫花朵出現的位置。有個特寫用來說明葉子怎麼包覆草的葉鞘。然後我會深入到開花的細節，因為這在辨認物種之間的不同處時非常重要。其次我會表現小花（floret），還有包覆這些小花的苞片。有些小花非常微小；我在這邊畫的這朵，長度大約只有五公釐。」她也很清楚植物藝術家面臨的挑戰：「皇家植物園很重視藝術家的繪圖技巧，因為很多我們展示的標本都在田野地用標本夾壓製過，帶回來時已經不是最佳狀態；像是葉子可能被折到或弄皺了，有時甚至破掉了。你真的得利用繪畫技巧，幫這些植物起死回生。」

　　以上的仔細編輯與詮釋，是之所以我們在製備任何物種的影像紀錄上還是需要藝術家的重要原因。「你可以剔除這株植物不相關的細節，只專注強調那些重要，而且應該被看到的部分。你

226

也可以編輯、確認重要特徵有被清楚地表現出來。你在去蕪存菁。透過照片，你只能看到植物生命史中單一時間點的單一面向。透過圖解，植物的所有不同部分都可以放在同一頁插圖上，一幅插圖就包括全部，全部都按照比例放在一起。」

當皇家植物園邁向二十一世紀時，這個存於圖書館藏書中的美麗舊時技藝，仍是最現代的植物誌計畫的重要元素。當全世界的植物誌終於完成時，植物藝術家的插畫仍會是重要的核心價值。

第 18 章

歪風

AN ILL WIND

暴風雨過後送到皇家植物園的一棵新樹木

植物入侵者：馬纓丹（*Lantana camara*）（左圖），是南美洲的原生種，最先被引進歐洲，之後再被引進到加爾各答的植物園（一八○七年）。它以強勢之姿迅速擴張，一百年之後這種植物對於柚木種植地已具威脅。到了今日，有六百五十種馬纓丹的品種在六十個國家造成了浩劫。

島嶼的生態對於侵略種幾乎毫無招架之力。阿森松翠蕨（*Anogramma ascensionis*）（右圖）是阿森松島的特有植物，在二○○三年被宣布為滅絕植物。它的滅絕可能是因為引進鐵線蕨，這種蕨類進而強勢地占領了阿森松翠蕨的生長棲地。之後，阿森松翠蕨在綠山（下圖）山坡上再度被找到，而現在則透過皇家植物園所參與的保育計畫來確保這種植物的存活。

歐洲山毛櫸（*Fagus sylvatica*）伸展樹冠以直接從陽光吸收能量。葉子中所含有的葉綠素是這個過程裡關鍵的生物分子，同時也是葉子呈現綠色的原因。

一九七○年後出生的世代已不能再目
睹約翰・康斯特勃畫作《乾草車》中
所描繪的樹景。歐洲榆樹樹群已經被
荷蘭榆樹病大量摧毀。

一株染病的榆樹，其特定的
枝條上顯現出了典型染病後
樹葉萎凋、乾枯的情形。

來自南美洲的野生金雞納樹皮，經過著名的金雞納專家約翰・艾略特・霍華德鑑定並標示出鑑定結果。這種樹皮是治療瘧疾的藥物——奎寧的來源。

自一八四〇年代起，皇家植物園與大不列顛皇家藥劑學會皆開始收集各種粗製生藥，包括磨成粉末的樹皮、切成塊狀的根、乾燥的樹葉，以及經由其他各種製備方式製成的生藥。圖中的木櫃即是當時曾用來做為訓練藥劑系學生的工具。

在印度，經由在果實頂部打洞以收集鴉片。這種鴉片罌粟有著悠久的藥用歷史。

今日在巴西（左圖）與
中國安國市（下圖）販
售的藥用植物。

Trifolium Acetosum flxe albo. **Rosa Damascena flore pleno.** *Trifolium Acetosum flore flavo.*

幾世紀以來的植物插畫。手工上色之雕版畫描繪的玫瑰以及白色花
和黃色花的苜蓿。摘錄自巴西勒斯・貝斯勒一六一三年出版的
《艾西施泰特植物園》（*Hortus Eystettensis*）。

由當代藝術家露西·T·史密斯繪製的蓮玉蕊屬植物（*Gustavia longifolia*），由皇家植物園的圖書館與藝術收藏館收藏。

一九八七年，颶風破壞了皇家植物園位在西薩塞克斯的韋克赫斯特鄉間別莊（上圖）。
這颶風卻帶來了意料之外的效益，改變了對於植林與樹木保護的相關知識及實作。

一八八二年錫蘭（今斯里蘭卡）馬杜勒西默（Madulsima）的金雞納樹。
奎寧即自此樹的樹皮萃取而來，用於治療瘧疾。

一種很少見的特有種非洲堇屬植物（*Saintpaulia teitensis*），據知僅生長在肯亞的一片山坡地。這類植物四分之一到三分之一的物種都瀕臨絕種。

肯亞萊基皮亞郡（Laikipia, Kenya）的莽原棲息地，前景是俗稱呼嘯荊棘樹的相思樹屬植物（*Acacia drepanolobium*）。

　　在西非布吉納法索（Burkina Faso）進行的種子採集，有時要爬樹摘果子。
　　皇家植物園的千年種子庫合作關係（Millennium Seed Bank Partnership）的目標是
在二〇二〇年，讓收藏量達到全球植物種子的百分之二十五，以特有的（endemic）、
具經濟價值的（economically）及瀕危的（endangered）為優先。

二〇〇六年在馬達加斯加新發現的明星棕櫚樹——塔希娜棕櫚，
之前在科學文獻上完全沒有紀錄。
每年約有兩千個新物種持續被發現。

前往馬利（Mali）的
考察隊在野外壓製植
物標本。每年有超過
三萬個樣本從世界各
地寄回皇家植物園。

採集胡麻屬植物（*Sesamum
abbreviatum*）的種子，這
種植物只生長在納米比亞
（Namibia）的沙漠地區。

雨林是物種最豐富的環境
之一，圖為東南亞沙巴
（Sabah）的一處雨林。

巴西巴伊亞州（Bahia,
Brazil）的乾旱景觀和
乾枯的河床。目前人類
面臨最大的環境風險之
一就是氣候變遷。

山藥（Yam）是熱帶和亞熱帶地區的主要食物來源，但焦點常被穀類農作物取代。隨著氣候變遷和人口增加帶來的全球性挑戰，它們可以取代需要大量水分的農作物，成為最好的替代性農作物。

馬達加斯加（Madagascar）的稻米耕種。

在歐洲和美國，蜜蜂的數量顯著地減少。蜜蜂在農業上是非常重要的授粉媒介。
皇家植物園的科學家正在進行生化研究，希望對於吸引牠們找到花朵的原因，
以及讓牠們成為更有效率的授粉媒介的方法，能有更多的了解。

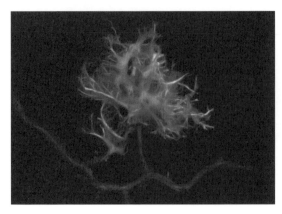

植物和真菌有著互利關係，其中最重要的就是菌根（mycorrhizae），也就是真菌生長在植物的根部。靠著彼此成長茁壯。估計高達百分之九十的植物靠著菌根生存。

___九八七年十月十六日清晨，強力颶風以每小時一百一十英 229
里的破紀錄速度橫掃南英格蘭，短短幾小時內造成全國一
千五百萬棵樹木傾倒。但本章的故事卻是要說明：一棵在皇家植
物園裡倖存未倒的橡樹，如何徹底地改變植樹及養樹的觀念和實
務。

　　透納櫟（*Quercus × turneri*），是夏櫟（*Quercus robur*，俗名英
國櫟）和高山櫟（*Quercus ilex*，俗名冬青櫟）的雜交種。一七八三
年，它以在皇家植物園培育出該樹種的苗圃工人名字來命名。在
一七九八年時，也是這位工人幫皇家植物園創辦人奧古斯塔公主
在現在的位置種下這棵樹。附近有威廉・胡克爵士（Sir William
Hooker）在一八六一年建造的人工湖，後來他那有名的兒子約瑟
夫（Joseph）更在湖邊擴大種植此樹種。

　　超過兩個世紀以來，遊客們最愛在這棵透納櫟廣闊的樹蔭下
乘涼。但在那個狂風暴雨肆虐的漆黑夜裡，這棵老橡樹從大地長
久以來的懷抱中掙脫，整個樹體搖搖欲墜，最後又垂直墜落、回
到原位──沒人在現場目睹到那一刻。

　　黎明來臨時，皇家植物園有超過七百棵樹木四處傾倒，這些

230　樹木的根系都暴露在暴風雨後平靜的涼爽空氣中。面對這樣慘重的樹倒災情，這棵透納櫟顯然不需優先處理；特別是，這棵樹在暴風雨來臨前就已是垂死狀態。皇家植物園樹木區主管湯尼・克科姆（Tony Kirkham）站在現今樹木的覆蓋層上，開始說起這個故事：「在颶風來臨之前，這棵樹已經開始枯萎：樹冠很薄，有很多伏芽枝（沿著樹幹主幹或支架生長的徒長枝）和一些明顯的逆境（stress）徵兆。* 這次的災難事件可能反而是個解決之道。所以我們決定把這棵樹留到最後再處理。我們花了三年時間處理其他七百棵樹，然後才回來處理這棵透納櫟——結果它看起來很健康。」

　　在推敲箇中原因後，皇家植物園團隊第一次發現到，這兩百年來人們都站在透納櫟的樹蔭下乘涼，造成了一個從來沒有人發現過的問題：「這棵樹深受擠壓之苦——然後在一夜間徹底舒壓，」克科姆如此解釋。「過程實在非常劇烈，但也使得整個根球（rootball）被搖晃了；土壤因而鬆動，空氣和水也再次流通。這棵樹竟然就這樣復活了，自風暴以來多生長了三分之一。」

　　有七百棵傾倒樹木突然出現，這是診察這些五花八門的物種根系的大好機會——後來成為皇家植物園的根部普查計畫。其中一項重要的發現，就是這些樹木的根部其實很淺——這跟老樹藝師們的「地上多高，地底就多深」說法完全相反。事實上最新的看法認為，溫帶樹木的根部深度通常只有一公尺，甚至更淺。

---

* 譯註：逆境，意指對植物生存與生長不利的不良環境，包括乾旱、寒冷、高溫、澇害、鹽鹼、病蟲害等等。

隨處傾倒的根盤，顯示了皇家植物園裡大多數的樹木都深受擠壓之苦。當時湯尼·克科姆想出的解決之道，是利用一種以往用在氣動運動場的工具——土地通風口（Terravent）：「現在，我們用另一種叫做氣動鏟（AirSpade）的工具；其實就是模擬一九八七年的颶風，把壓縮空氣吹進土地裡面，但是強度沒有實際颶風那麼大。」他解釋道：「這樣可以打散土壤結構，把壓緊的土地鬆開，但不會切割到根部。大部分的樹木反應都不錯——現在已廣泛被全世界的樹藝師採用。」 231

根部普查也促使皇家植物園的植樹人員採用方形樹洞。「以前大家都把樹種在圓形樹洞裡面，但是樹木都沒有建立強壯的根部，所以我們必須用樁來支撐，」克科姆解釋。「不過，我們在苗圃研究時發現，種在圓形樹洞的樹會長出螺旋狀的根部，而不

七百棵傾倒的樹木，為研究根系提供了難得一見的好機會

會向外延展。所以我們開始考慮方形樹洞，因為方形樹洞的角落對根部來說，是最能夠突破的部位；角落數目越多，根部就有越多機會向外擴展。若有四個角落，就有四個可能的突破點。」

232　　　這麼多棵樹木同時裸露根部，讓我們清楚看出這些樹木如何保持直立，儘管樹根都很淺。「樹木需要風吹，」克科姆強調：「我們都聞風色變，但是樹木要能屈才能伸。我們以前種樹都習慣過度支撐樹木，反而讓那些樹木沒有活動空間，所以就沒辦法發育出強壯的根系。這和平衡感和摩擦力有關。今年我們種了兩百棵樹，完全沒有立樁支撐。」

　　至關重要的是，一九八七年的颶風提供了皇家植物園一次良性的自然淘汰。這個數十年難得一見、重新思考植物園樹木布局的機會，在當時成為由馬克・弗拉納提（Mark Flanagan）所監督、一個早該進行的稽查。皇家植物園的不動產之一、位於西薩賽克斯的韋克赫斯特莊園，有一塊占地四百六十五公畝的溫帶林地。這次的稽查機會，讓兩地的木本植物收藏出現了差別：兩地分別採用不同的指導原則來重新栽種樹木。

　　在韋克赫斯特，一直都是以植物地理學為指導原則──基本上就是以物種的地理起源和分布為基礎的種植系統。這是師法亞弗瑞德・羅素・華萊士（Alfred Russel Wallace）的方式；他除了和達爾文（Darwin）共同發現天擇論之外，也致力於物種多樣性的地理模型上。「就像建立世界地圖一般，」克科姆解釋道，眼前浮現出穿越地球各處在林中漫步、令人陶醉的景象：「在韋克赫斯特，你可以先到美國，往下走到墨西哥，再穿越至臺灣──你可以環遊世界，欣賞這些國家的樹木。」

　　韋克赫斯特的地理栽種方式本身並非創舉。在一九八七年的颶風之前，就已在一些單位行之有年，像是杰拉爾德‧洛德（Gerald Loder）在一九〇二和一九三六年間建立的南半球植物園（Southern Hemisphere Garden），還有一些代表美洲、亞洲、歐洲等地的大陸花園，即於一九六五至一九八七年間陸續栽種。

　　在這些栽種中，比較特別的有亞洲各國的山毛櫸樹種，還有一類南山毛櫸（Southern beeches）──後者包含了兩個物種：青崗假山毛櫸（*Nothofagus glauca*）和亞歷山德里假山毛櫸（*N. alessandrii*），它們在野外都已瀕臨滅絕。另外也有英國最罕見的樹種，包括普利茅斯梨（*Pyrus cordata*），以及花楸屬（*Sorbus*）一些珍貴的小種（microspecies），包括花楸樹（rowans）、野花楸樹（service trees），和白面子樹（whitebeams）。

　　在一九八七年之後，韋克赫斯特的主管安德魯‧傑克森（Andrew Jackson）表示，植物園開發出一種「更加精緻的栽種計畫，來重現板塊構造學說（plate tectonics）、冰河時期存活下來的植物，及共同演化等等。」這是受到亞美尼亞植物學家亞美因‧塔赫他間（Armen Takhtajan）的著作《世界植物區系區劃》（*Floristic Regions of the World*）一書所啟發，作者本人也在一九九一年訪問韋克赫斯特，參觀這個新栽種計畫的啟動。

　　和皇家植物園的克科姆一樣，傑克森相信韋克赫斯特受益於大風暴的肆虐，還有後續的洪水所帶來的新訪客。「這可能是全世界溫帶地區單一最大規模的風暴後樹木種植，」他說道。「新引進的野生植物來自中國、日本、巴基斯坦、澳洲、紐西蘭、阿根廷、智利、墨西哥、美國、加拿大、俄羅斯、北非和土耳其。

大部分都是由皇家植物園的園藝人員所引進。」

　　相對於韋克赫斯特採用根據地理起源的栽種方式，皇家植物園的颶風後整頓工作則反映出約瑟夫・胡克在十九世紀的歷史性分類。此分類法收錄在他和喬治・邊沁所共同撰寫的《植物屬誌》（ _Genera Plantarum_ ）一書，書裡描述了七千五百六十九個屬，和約十萬個種子植物物種──其中絕大多數都存放在皇家植物園標本館。被子植物系統發育小組（Angiosperm Phylogeny Group's new classification, APG III）用現代化的研究方式來彌補這個十九世紀方法的不足，利用 DNA 分析來幫忙定義出植物物種間的演化關係（**詳見第二十一章**）。不過就像克科姆所指出的，APG III 處理樹木的方式跟胡克的系統非常相近：「基於傳承和科學上的原因，我們在樹木區維持這種方式。」

234

根部普查促使皇家植物園的植樹人員開始採用方形樹洞

　　韋克赫斯特和皇家植物園兩地在颶風後的樹木重建工作上的另一項收獲，就是植物搜尋（plant hunting）。「我們開啟了植物勘查的新紀元，主要針對我們原本較弱的地區——臺灣、南韓、俄羅斯遠東區、中國，」克科姆說道，「還有我們想再回去的地方，像是日本和高加索。」

　　不過，皇家植物園的新一代植物獵人也不是只著眼於遙遠的目的地。在克科姆的清單上也有英國本地樹種，像是蘭卡斯特白面子樹（*Sorbus lancastriensis*）。「雖然我還沒拿到好的標本，但是昆布利亞（Cumbria）的安賽德（Arnside）和坎福斯（Carnforth）附近大概種了近二千棵。我們的確是去了中國，但我們的自家門口也有很棒的樹種。只要去野生森林就可以學到很多。」克科姆熱切地說道：「你會發現樹木需要什麼，還有它們各自不同的生長方式。你會關注和植物相關的大小事情，這些樹長到多大、它們的樣子、有沒有長在河邊。它真的能讓你全神貫注。」

　　在皇家植物園的颶風後再植行動中，有個更值得重視的例子：一株原本認為在兩百萬年前已滅絕的樹木又回來了。以前只見於化石紀錄中的瓦勒邁杉（Wollemi pine，與智利南洋杉同為南洋杉科〔Araucariaceae〕的古老針葉樹），在一九九四年重新被發現，當時大約有一百棵左右澳洲種的瓦勒邁杉（*Wollemia nobilis*），在距離澳洲雪梨約一百英里的瓦勒邁國家公園（Wollemi National Park）溫帶雨林峽谷中被發現。

　　一九九七年，距離大風暴十年後，雪梨皇家植物園提供皇家植物園兩株瓦勒邁杉幼苗和三十顆種子。這些種子貯藏在韋克赫斯特的千年種子庫內，而幼苗則於栽種後持續生長。二〇〇五

年，大衛‧愛登堡祿爵士（Sir David Attenborough）在皇家植物園種下一株幼苗；這是該物種第一次在澳洲境外栽種，另一株則種在韋克赫斯特的南半球植物園內。

　　兩株幼苗現在都已長成健康的小樹，提供皇家植物園的科學家研究活體樹木化石的機會。瓦勒邁杉在野外非常罕見，所以人們對其所知非常有限，只知道一些基本知識，像是有雄性和雌性毬果、生長緩慢，以及非常長壽——有些澳洲的樹木估計有五百到一千歲。皇家植物園的遊客們如果想要自己種植，可以在植物園的維多利亞入口（Victoria Gate）商店購買這種杉樹的樣本，來自己研究看看。

　　儘管所有愛樹人都同意種植瓦勒邁杉絕對是一個長期計畫，但就像克科姆再一次走訪樹木區時所領悟到的，大風暴是一次關於時間的反向思考。「這裡百分之九十的樹木都是在一九八七年後才種下，」他指著一片鬱鬱蔥蔥的樹林說道：「這些樹木或許證明了，老樹藝師們的『你永遠在幫下一代種樹』說法是錯誤的。」

　　很顯然地，不論是在知識上或心態的啟發上，一九八七年的颶風都為皇家植物園帶來了好處。拿植物園裡面著名的林蔭大道（Broad Walk）來說，這是由景觀設計師威廉‧安德魯斯‧納思菲耳（William Andrews Nesfield）在一八四五到四六年所籌畫——他同時也以設計壯觀的水景設施聞名，像是伍斯特郡（Worcestershire）一百二十個噴嘴的威特利庭院噴水池（Witley Court Fountain），以及皇家植物園北端、位於霍華德城堡（Castle Howard）約克夏樹木園（Yorkshire Arboretum）內的威爾斯王子

236

噴水池（the Prince of Wales fountain）。林蔭大道很快地成為了皇家植物園的標誌，但這裡的樹木也因此遭受厄運。納思菲耳原先種植的雪松（*Cedrus deodara*）幾乎全數為倫敦越來越嚴重的污染還有乾燥的土壤所害而枯死，在二十世紀改種大西洋雪松（*Cedrus atlantica*）後，狀況也是一樣糟糕。後來全部改種北美鵝掌楸（*Liriodendron tulipifera*），但一樣無法種植成功。

直到二〇〇〇年，靠著颶風後學到的知識，皇家植物園移除了所有的樹木，只留下兩棵鵝掌楸，然後改種十六棵大西洋雪松幼樹──而且是特別從摩洛哥的阿特拉斯山脈（Atlas Mountains）買來的品種，如此才能忍受皇家植物園的特殊環境。今天欣欣向榮的樹木景象，正是在向納思菲耳的最初構想致意。就像克科姆所說的，「這一切完全是因為一九八七年的颶風給了我們改變的動力。」就像那句英文古諺所說的：「歪風吹得人人倒。」* 　237

---

* 譯註：原文為 It is an ill wind that blows nobody any good。字面意思是：只有真的很糟的風，才會吹得讓人拿不到一點好處；引申為：沒有絕對的壞事，凡事有利亦有弊。

第 19 章

生命膠囊

CAPSULES OF LIFE

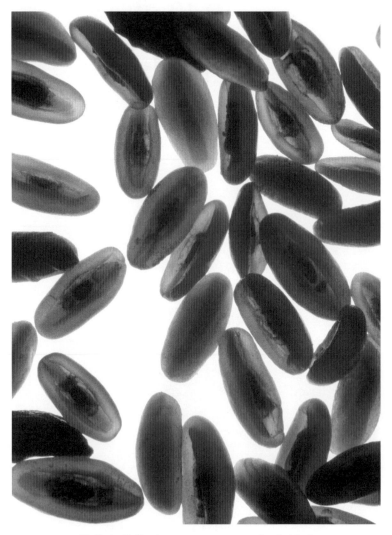

長葉車前草（*Plantago lanceolate*）的種子

種子是等待發芽成長的生命膠囊。各式各樣的大小、形狀和　241
顏色，反映出植物歷經幾百萬年所形成的適應能力，能在
特定環境掙得最大的生存機會。只有在達到特定條件——溫度、
濕度、火烤，或有根菌存在時——植物的種子才會發芽成長。千
年種子庫合作關係的種子形態學家沃夫甘・史達比（Wolfgang
Stuppy）對他的工作充滿熱情：「種子可以告訴你非常多事情，
包括百萬年來植物的生命形式及演化過程等等。如果種子不能如
預期般發芽生長，物種就會滅絕，所以今日我們見到的每一種植
物，多少都必須適應自然棲息地。因此，在野外能夠找到這麼多
不同形態的種子，常常讓我們覺得很神奇。」

　　MSBP 是目前世界上約一千七百五十間種子銀行的其中之
一。就像我們在第十四章所提到的，二十世紀初期世界上最早的
種子銀行成立於俄羅斯和美國。尼古拉・瓦維洛夫等種子收藏家
了解到，鄉下農夫的選擇性育種會讓作物的遺傳多樣性逐漸減
少；所以他們想保存這些作物的野生近緣種「親戚」，保存其豐
富的遺傳多樣性。到了一九八〇年，關心的焦點轉移至野生植物　242
的命運及其生態系統上；它們正遭受伐木業、都市化，和人類造

成的氣候變遷所威脅。一九九二年，聯合國環境與發展會議
（United Nations Conference on Environment and Development）（里
約熱內盧地球高峰會〔Rio Earth Summit〕）提出「生物多樣性公
約（Convention on Biological Diversity）」，其中第九條建議合約國
應採取「異地（在外部進行）措施（*ex situ* methods）」，來輔助在
自然環境中執行的生物多樣性「原地保存（*in situ* conservation）」
行動。而種子銀行就是一種用來保護植物遺傳物質的異地措施。

　　現代的種子銀行一詞應用範圍很廣，從各個植物園的小型設
施到重要的國際保存計畫都包括其中。建於北極深山裡的挪威斯
瓦爾巴全球種子庫（Svalbard Global Seed Vault）保存全球其他種
子銀行內所有農作物種子的複製樣本，做為備分。同時，MSBP
則收藏食用和非食用野生物種的種子。它希望在二○二○年時，
收藏量能達到全球百分之二十五的植物種子，並以特有的
（endemic，特定地區獨有）、具經濟價值的（economically）及瀕
危的（endangered）種子為優先收藏。

　　「植物位在食物鏈的最底層，提供食物給所有生物，包括
位於最頂層的我們，」MSBP 主管保羅・史密斯（Paul Smith）
如此解釋。「植物幫助土壤形成、營養循環，同時提供我們住
所、醫藥和燃料。儘管如此，千禧年生態系統評估（Millennium
Ecosystem Assessment）〔二○○一年至二○○五年間進行的一個
針對植物生態系統條件的評估〕卻估計，所有已知的植物物種
中，約有四分之一到三分之一瀕臨滅絕——也就是六到十萬個物
種。」

　　在嘗試保存植物後代時，種子銀行要面對兩種非常不一樣

皇家植物園的千年種子庫地下儲藏室入口，
設計成可以使用五百年之久

的種子類型。百分之七十到八十的植物所產生的耐貯型種子（Orthodox seeds）可以忍受乾燥。它們通常比較小顆，而且在發芽前可在環境中存活一段時間。MSBP 以零下 20°C 的溫度冷凍、乾燥這些耐貯型種子，減緩其代謝速度，同時保持活性。在冷凍之前乾燥這些種子是必要的工作，否則任何一點殘留水分都會結成冰，撐破種子細胞，導致發芽失敗。

剩下的百分之二十到三十為不耐貯型種子（Recalcitrant seeds），從名稱就可以知道這些種子很不容易保存。它們通常較大顆，外種皮較薄，而且很容易就發芽。不耐貯型種子的植物通常生長在熱帶雨林等較為潮濕的棲息地，但橡樹和七葉樹的種子也是屬於不耐貯型。這些種子一旦乾燥，就會死亡。所以 MSBP 的科學家們必須很小心地把每顆種子一部分的胚（embryo）分割開來，用化學藥品處理以防止冰晶產生，然後存放在零下 196°C 的液態氮中。在誘導胚發芽的時候，要另外提供食物來源，以取代通常由種子本身或環境所提供的養分。

種子可以存活非常長的時間。已知最古老的發芽種子，是一棵來自以色列馬沙達（Masada）的椰棗種子，這顆種子已經兩千歲了。MSBP 曾誘發生長過的最古老種子，是兩百年前從植物母體取下的。這些種子是一位荷蘭商人甄・提爾林克（Jan Teerlink）於一八〇三年從南非的荷蘭東印度公司植物園（Dutch East India Company Gardens）收集來的。他帶著一個紅色皮夾，裡面塞了四十個摺紙包裝的種子，登上停泊在開普敦的亨利埃特號〈the Henriette〉。這艘船打算開往荷蘭，但在抵達目的地之前就被大英帝國所攔截。英國後來雖然釋放提爾林克，但卻扣押了船上的

244

貨物和文件，包括這個種子皮夾，這些東西都被移送到倫敦塔（Tower of London）。後來，這些種子又被送到皇家植物園附近的英國國家檔案局（Public Records Office）存放，直到二〇〇五年被一位荷蘭學者重新發現為止。科學家們試著誘發其中一些種子生長，結果長出了豆科植物 *Liparia villosa*、枕形山龍眼（*Leucospermum conocarpodendron*）和相思樹屬（*Acacia*）植物。相思樹和山龍眼都存活至今，而後者現在是一株約一公尺高的健康灌木。

　　MSBP 庫房裡最古老的種子大約四十歲。每隔十年，科學家們會就所保存的每個物種中取一個樣本來檢測，以確保這些種子還能發芽。他們也會進行「加速老化」試驗，來確認不同種子的壽命。試驗步驟包括了再水合，還有讓這些種子處在高溫高濕的逆境條件等等。如此產生的「種子生存曲線」，可預測出有多少物種的種子可能會在未來的某個時間點發芽。而預測出來的種子樣本壽命，可以再跟相同條件下標識物種的實際壽命相互比較。

　　「很多農作物的物種都已經完成試驗了，」史密斯說道：「甜菜種子在那種條件下預計可存活十萬年，而萵苣種子則只能存活幾百年。我們很幸運，大部分我們賴以維生的農作物種子都很耐放。然而，有些物種的保存期相對較短，我們正在尋找原因及解決之道；舉例來說，具有小胚的溫帶物種保存期就比較短，只能存放幾十年，而不是幾千年。」

　　了解種子的品質和壽命，在現實世界實務上是非常重要的。種子生態計畫（Ecoseed project）探討農作物生長期間的氣候變化對種子品質的影響。團隊已著手檢驗若抑制向日葵花田的水分會

造成什麼影響，同時也研究在這種條件下產生的農作物種子的發
246 芽能力、大小及壽命。「可能就是這些環境改變、影響了我們能
夠收藏的種子的天生特性，」MSBP 的種子保護部門研究主管
休・普里查德（Hugh Pritchard）解釋，「也有可能我們就是運氣
不好；這些在氣候變遷下產生的種子正好品質比較差。」

　　氣候變遷對植物的衝擊很難預測。一般預期，生長在山區的
物種必須往更高的海拔遷徙，才能在這些植物原本習慣的環境條
件下繼續生長；到最後，這些植物會面臨再也沒有更高地方可以
去的情況。然而，皇家植物園研究薩丁尼亞（Sardinia）的釀酒
葡萄野生亞種（*Vitis vinifera* subsp. *sylvestris*）時發現，和生長在數
百公尺低山腰的植株相比，生長在最高海拔的植株受氣候變遷的

種子庫的玻璃罐裡貯存有超過二十億顆種子。
最久的至今已經保存超過四十年

影響較小。這是因為葡萄種子需要一段冬天的寒冷期（cold　247
spell）來打斷休眠狀態。如果溫度下降得不夠明顯，種子就不會
發芽，那麼它們在春天冒出新芽的可能性就會降低。在海拔越高
的山區，溫度越能明顯地降低，讓種子順利進入寒冷期。

　　因應氣候變遷、砍伐森林和都市化對全球生態系統造成的影
響，皇家植物園所扮演的重要角色，就是幫助這些被破壞的棲息
地回復到之前的生物多樣性。其中一個例子就是皇家植物園和一
群合作單位共同執行的一個計畫。依卡谷（Ica Valley），位於全
世界最乾燥的沙漠之一。一千五百年前，秘魯牧豆樹（huarango
tree，*Prosopis limensis*）讓這裡的土壤保持肥沃濕潤，同時它也做
為糧草和食物之用。它靠著特殊的長根（有時超過五十公尺）深
入地底接通地下水，所以能在乾旱環境中生存。在前哥倫布納斯

在秘魯種植牧豆樹

248 卡時期（pre-Columbian Nazca times），這些樹木的樹冠改善了極端的沙漠氣溫，並防止土地侵蝕。但之後納斯卡人為了開發農地，決定砍伐這些樹木。當空地面積達到特定門檻後，脆弱的生態系統就徹底崩壞了；最後，納斯卡人只能被聖嬰現象（El Niño）帶來的洪水和沙漠狂風任意擺布。

　　長久以來，湮沒在漫漫黃沙中的納斯卡，只能緬懷他們過往曾經富饒的文明。但現在，依卡谷的秘魯牧豆樹森林正再度興起。皇家植物園的科學家在秘魯開發出讓牧豆樹種子和其他森林物種發芽的必要規則，並和當地社區分享這些知識，也在依卡國立大學農藝系（Faculty of Agronomy at the National University of Ica〔UNICA〕）建立了植物苗圃。苗圃每年生產約一萬株左右的原生樹木和灌木幼苗，都送回沙漠繼續生長，它們讓沙漠重現生機，並為依卡谷目前的七十萬戶居民提供所需的食物、木材和燃料。

　　種子可以讓我們洞察過去的生態系統。對試圖回復棲息地的工作而言，這幫助很大。雖然它們的棲息地可能早已隨著時間改變了，但由於植物的演化非常緩慢，所以種子內部所展現的特徵，可能會和數萬年前的生態系統有關。

　　植物用來傳播種子的媒介，也是復育計畫中特別需要考慮的重點。以大王花（*Rafflesia*）為例，這種在東南亞雨林生長的植物，擁有目前世界上已知最大的花朵。然而我們對這種植物像葡萄柚那麼大、寬度可達十五公分的肉質果實，所知卻相當有限。

　　「我從來沒看過文獻上描寫有關果實如何傳播的記載，」沃夫甘·史達比說道：「有人曾記錄過，他們認為是齧齒類動物，

因為曾看過這類動物啃咬這種果實；但是，就算你能找到所有以果實為食的動物，也不表示牠們就是傳播者。我讀到一段敘述寫著，大王花果實的果肉聞起來像酵母菌；這是你在非洲的大象活動領域範圍裡可發現的果實特徵。像大象這類的哺乳類動物不太辨認顏色，但是嗅覺非常敏銳，所以我馬上就領悟到，這種果實是設計來讓亞洲象傳播的。亞洲象是瀕臨絕種的動物，而且在大王花的棲息地裡幾乎已不復存在。要回復這樣的環境，你要不自己介入一棵一棵種植，要不就得把播種動物帶回來。」

這種看法並不是第一次被提出來。當非洲的科學家檢視現今大象已經消失的地區時，他們發現那些靠大象來傳播種子的植物族群也隨之縮減。靠大象傳播的果實通常果肉很少，但卻有著別種動物無法入口的大型果核。沙漠椰棗（*Balanites aegyptiaca*）的果實就是其中一個例子。研究人員發現，當大象不復存在時，椰棗種子的發芽率也降低了百分之九十五。

即便沒有大象，少部分未經傳播的椰棗種子也會發芽，但是幼苗的生存率只有百分之十六。看來，只有非洲象能為這種罕見樹木提供高效率的傳播服務，並保證現存族群的復育，甚至還可能建立新的族群。這個研究說明了，阻礙植物種子的傳播機制，可能會造成毀滅性的衝擊。

史達比在最後加上了這段話：「種子是植物的一生中唯一可以旅行的階段，所以它是植物一生的決定性時刻。這也是為什麼種子具有這些非凡驚奇的適應方式，藉由風力、水力、動物或人類，來幫忙它們四處遊走。」

第 20 章

小草立大功

A USEFUL WEED

製備植物 DNA 樣本進行分析

阿拉伯芥（*Arabidopsis thaliana*）給人的第一印象，就是一株 253
微不足道的開花雜草。然而，這個綠色的小不點竟成為植
物遺傳學上的羅塞塔石碑（Rosetta Stone）。* 它在二〇〇〇年成
為第一株完成「全基因體定序」的植物，也就是所有染色體裡面
的 DNA 都被分析出來。

　　阿拉伯芥的遺傳物質解碼，讓我們深入了解細胞中進行的分
子程序如何產生出各種植物性狀，同時也顯露了如何控制這些性
狀的一些重要線索。準確地說，擬南芥屬（*Arabidopsis*）植物已
成為研究基因改造（genetically modified, GM）農作物的基礎；相
較於傳統植物育種法，如今科學家們找出了更快、更準確的方
法，來引進新的植物特徵。

　　阿拉伯芥是這場綠色革命所造就的植物新星。它跟十九世紀
時孟德爾用來進行劃時代植物遺傳試驗（**詳見第十章**）的豌豆一

---

*　譯註：製於西元前一九六年、一塊刻有古埃及法老托勒密五世（Ptolemy
V）詔書的石碑，這裡用來暗喻要解決一個謎題或困難事物的關鍵線索
或工具。

樣，原本都很不起眼。俗稱牆水芹或鼠耳芹的阿拉伯芥，在各種地帶都很容易種植。它原產於歐洲、亞洲和西北非，和芥末同為十字花科（Brassicaceae）的成員，同科物種還包括高麗菜和蘿蔔。它常見於岩地、沙丘及沙礫地帶，在荒地或遭破壞的棲息地也可看見，像是鐵路沿線等等。

254　　而它的名字也不斷地轉變，反映出植物命名慣例在過去幾百年來的演變。一五七七年，德國內科醫師約翰內斯・泰里（Johannes Thal）在德國北部鬱鬱蔥蔥的哈次山脈（Harz Mountains）首度發表這種植物。卡爾・林奈為了紀念他，將該植物命名為 *Arabis thaliana*。** 其後在一八四二年時，德國植物學家古斯塔夫・海因霍爾德（Gustav Heynhold）將它歸類到一個新規畫出來的擬南芥屬（*Arabidopsis*）中，這個名字在希臘文的意思就是「類似南芥屬」。

　　一九〇七年，德國科學家佛列德利赫・賴巴赫（Friedrich Laibach）發現，這種擬南芥屬植物只有五對染色體（還曾經有人誤以為只有三對），是當時所知的植物體中染色體數目最少的。當時，賴巴赫對於這株植物細胞中只含有這麼少量的遺傳物質感到非常失望，因為他想研究染色體含量較高的植物品種。所以接下來的三十年間，他的研究興趣主要在其他領域，直到一九三七年才回頭研究擬南芥屬植物。

　　一九四三年，賴巴赫認為阿拉伯芥可做為開花植物在科學研究上的模式生物，因為它們的生長時間快速（從發芽到產生種子

** 譯註：當時在分類學上歸為南芥屬（*Arabis*）。

只需要六星期），而且相當容易雜交或產生突變。一九四五年，
他的學生爾娜・瑞恩荷茲（Erna Reinholz）以自己建構的擬南芥
突變株來撰寫博士論文，她採用 X 光突變誘發技術（這在當時
頗富科幻意味），利用 X 光照射來改變植物細胞中的遺傳物質，
進而產生突變株。

　　她的突變株包括從早開花植株衍生出來的晚開花植株；這是
基因修補的首例，後來發展出基改農作物。有趣的是，瑞恩荷茲
的論文竟然是由美國軍方負責宣傳和出版的。因為論文題目中的
「Röntgen-Mutationen（X 光突變）」字眼，吸引了當時正在尋找
德國原子彈計畫證據的分析人員之注意。

　　在一九五〇至六〇年間，面對牽牛花或番茄等植物研究計畫
的競爭，遺傳學家約翰・朗瑞奇（John Langridge）和喬治・雷代
伊（George Rédei）的研究成果進一步強調了擬南芥屬植物在植
物遺傳學上做為模式生物的地位。但是阿拉伯芥在植物遺傳學研
究上能夠獨占鰲頭，扮演著如同老鼠和果蠅（*Drosophila*）在動物
研究上的重要角色，其中有著很多原因。

　　首先，擬南芥屬植物廣泛的地理分布和多樣性，非常適合用
來研究植物的環境適應能力。它們的生長速度很快，而且因為體
型小，很適合在實驗室的環境內培養。從技術層面來說，阿拉伯
芥很適合用顯微鏡分析；它們相對半透明的幼苗和根部，都有利
於活細胞造影。

　　相對較小的基因體，讓這種植物比其他植物更容易進行遺傳
分析。最新估計的擬南芥屬植物基因體大小——也就是 C 值（C-
value）——為 157 百萬鹼基對（megabase pairs〔Mb〕）。鹼基對

（base pair）是用來測量 DNA 上面由組成元件配對而成的兩股「雙螺旋」構造的單位。擬南芥屬原本被認定是基因體最小的開花植物，但現在這個頭銜已轉讓給一種螺旋狸藻屬的食蟲植物 *Genlisea margaretae*，它的 C 值不到擬南芥屬植物的一半。至於目前所知基因體最大的植物，則是壯觀但罕見的日本開花植物——衣笠草（*Paris japonica*），C 值為 148,880 百萬鹼基對（Mb），是擬南芥屬植物的九百四十八倍之多。「這個基因體非常大，完全拉直後甚至比大笨鐘還高，」皇家植物園僑佐爾實驗室（Jodrell Laboratory）的植物遺傳學家伊莉雅·里契（Ilia Leitch）如此說道。

256　　　一九八〇年代的研究進展，進一步確認了擬南芥屬植物做為模式生物的地位。擬南芥屬植物第一階段基因定序完成後三年，第一本有著植物詳細遺傳的圖譜於一九八三年首次出版。而之後十年間所進行的各項實驗，證明了阿拉伯芥特別適合用一種經過特殊修飾的細菌（農桿菌〔*Agrobacterium tumefaciens*〕）來進行基因轉殖。這是一種經過基因改造的天然土壤細菌，會攜帶特定的 DNA，在感染植物後把所攜帶的 DNA 送進植物的基因體內。一九八九年首次成功轉殖包含有突變基因的 DNA 片段，自此有效簡化了控制植物基因調控的方法。

　　利用經過修飾的農桿菌來感染植物引發冠癭病（crown-gall disease），是對植物進行 DNA 轉殖、創造基改農作物的主要方法之一。這個技術有個好聽的名字，叫做「花序沾黏（floral-dip）」。這個方法是用修飾過的農桿菌溶液來沾染植物花朵，裡面包含了特定 DNA 片段和清洗劑。溶液裡也可以加入螢光標記，讓研究

經過基因改造的棉花變種如今已在世界各地種植

人員可以追蹤插入的 DNA 在基因序列的發展進度。

　　另一個將 DNA 插入植物體內的重要方法，是所謂的基因槍（gene gun），技術上稱為「生物彈道微粒傳送系統（biolistic particle delivery system）」。這個方法在一九八〇年時被發明，其利用改造的空氣手槍，把包覆了相關基因的金屬微粒射入標的植物體內。聽起來有點粗糙，但在洋蔥細胞（因為體積夠大所以被選為測試標的）上的初步測試結果顯示可行；被射擊過的洋蔥不久後就表現出新插入基因的特徵。

　　隨著科學和技術的不斷演進，第一個基改農作物於一九八〇年出現；當時菸草植物被大量改造，用來對抗抗生素、殺草劑和害蟲。現在，生長在世界各地的基改變種包括有馬鈴薯、小麥、玉蜀黍、番茄、大豆和棉花等農作物。然而，儘管這些基改農作物存在的時間已經三十年了，它們還是不斷地引起爭議。

258

　　同時，科學家們持續找尋關於「為何有些植物擁有較大基因體」這類基本問題的答案；據信最大的比最小的要大上兩千倍。其中一件令人難以理解的事情，是植物的染色體套數（每個植物細胞裡面成套染色體的個數〔詳見第十二章〕）和基因體大小（染色體裡面的 DNA 含量）之間缺乏相關性。染色體套數的大量增加，並不代表基因體大小也跟著增加。「有些植物的基因體甚至比我們大上三十倍，」里契說道：「但那些有著最多染色體套數的植物，像墨西哥佛甲草（Sedum suaveolens）是八十倍體，它的基因體卻反而相對較小。」

　　植物基因體的大小，及其對植物體所造成的影響，了解這兩者之間的關係在實務上非常重要。「有些人可能想知道，生物體

內的 DNA 含量較多，是否有任何實質上的意義。答案是很確定的——『有』，」里契說道：「從細胞層面到整個生物體都會受到影響，甚至更多。」

皇家植物園是植物基因體研究的領導者，同時也負責管理一個重要的全球資料庫，裡面記錄了全球數以千計不同物種的基因體大小。二○○一年，皇家植物園建立這個記錄植物 DNA 的 C 值資料庫，當時收錄了三千八百六十四個物種的資料。二○一二年更新的最新版本，則包含了八千五百一十個物種。利用擬南芥屬植物中獲得的知識，植物遺傳學家可以組織分散的基因體資訊，並試圖拼湊出各個基因的功能和運作方式。

皇家植物園的研究人員也利用從擬南芥屬植物研究所衍生出的實驗數據，來探索其他領域，比如利用溼度和溫度對儲存種子的影響，來分辨短生命週期和長生命週期的植物種子。了解種子休眠在分子層次的作用，有助於改善農作物栽種和植物保育工作的方式，在回復棲息地工作上更是特別有幫助。同時，分析擬南芥屬植物基因對植物開花期的影響，也讓研究人員能利用基因調控創造出開花期較長的植物。

植物如何發展出抗病性，對全球食物生產來說是另一個重要的話題。在研究植物和致病病源的相互作用關係上，遺傳學起了莫大的作用。舉例來說，擬南芥屬植物試驗可用來找出讓植物能對抗禾本科布氏白粉菌（*Blumeria graminis*）的基因，避免引起草地白粉病（powdery mildew）。研究人員找出相關基因來對症下藥，並開發出能對抗這種黴菌的變種。

植物荷爾蒙在農作物改良工作上也很重要。一九五○年間，

玉米（*Zea mays*），應用基改植物技術的品種之一

美國植物遺傳學家諾曼・布勞格利用傳統培植技術，創造出矮種小麥的新變種，犧牲莖的生長換來高產量（詳述於第十六章）。布勞格的高產量矮型小麥在一九六〇至七〇年間風行世界各地，拯救了許多生命。

　　後來，研究人員從擬南芥屬植物的進一步研究中發現，抑制激勃素這項特定植物荷爾蒙的產生機制，可以創造高產量的矮型小麥。利用擬南芥屬植物衍生的模式生物來從事進一步研究，釐清了相關基因的調控工作如何在全球氣候變遷所造成的嚴酷環境下，協助創造出適應此環境的農作物。由於農業形態、氣候及海水水位變化，使得世界各地的環境不斷鹽化。藉由擬南芥屬植物的研究成果，研究人員可找出不同物種中影響鹽分耐受度的基因。目前他們面臨的挑戰，就是開發出能夠忍受高鹽度條件的農作物。

　　有一項開發用來創造基改農作物的最新技術，稱作基改剪接（GM editing）。這是將基因改造應用在植物身上，讓植物可能透過自然生成的方式來改變自己，而非直接插入「外來」基因——這個方法可看成是只給大自然一個推力，避免讓基改反對者認為這些植物都已「失真」。

　　若說這種二十一世紀的阿拉伯芥分析方法聽來像是太空時代的科學，也是完全適當的；因為，它確實在一九九七年登上了和平號太空站（Mir Space Station），成為第一株在太空中從種子發芽到開花並產生種子、完成整個生命史的植物。美國太空總署（NASA）正在規畫進一步的測試，於二〇一五年在國際太空站

（International Space Station）種植擬南芥屬植物。

　　他們的目的，是決定要用重力來活化——或者說控制——哪些基因。NASA 的工作人員相信，只要對根部和莖部結構有更多的了解，同時弄清楚植物在太空中如何調節生長，那麼回到地球後就可應用在實務上。這樣一來，如果人類未來能夠成功移民到其他星球，那我們可就真得將功勞歸於這株小不點植物上了；在它身上所做的研究，可以帶來如此偉大的成果。

第 21 章

盛開的生命之樹

A BLOOMING TREE OF LIFE

從無油樟（*Amborella trichopoda*）的 DNA 分析可以了解開花植物早期演化的路線。雪莉・舍伍德的收藏品（Shirley Sherwood Collection），愛麗絲・塔傑瑞尼（Alice Tangerini）繪

皇家植物園的園徽，是一朵位於皇家徽章下的花朵。你可能 265
覺得這沒什麼好大驚小怪；但為什麼不選蕨類？針葉樹？
或是真菌？它們出現的時間全都比開花植物要早得多。

開花植物在地球上仍是一個年輕的物種。最早的化石只能回
推到約一億三千九百萬年前，因此它們的存在時間應該不超過一
億四千萬到一億八千萬年。從演化的時序上來看，這等年資還輪
不到它們在植物界當家作主；種子植物比它們早了整整兩億三千
萬年，而最早的陸生植物更是再早了一億年。

但是，這些花俏的新興物種一出現就橫掃了所有前輩，並立
即取得驚人的成功。在開花植物首度出現後的七千萬年間，它們
就在大部分的棲息地取得了生態上的優勢，並廣泛分布到所有地
理區域。時至今日，開花植物（植物學稱作被子植物，angiosperms）
是地球上最優勢的植物族群，它總共有四百七十五科、約三十五
萬個物種。相較之下，蕨類等產生孢子的植物大約有一萬個物
種，而針葉樹等非開花植物（裸子植物，gymnosperms）則有七
百五十個物種。

從最早的植物學繆思開始，各種不同植物之間的親緣關係就

266　讓人一直深深著迷：它們怎麼演化，在何時發生，又是按照什麼樣的順序進行。就像前面幾章提到的，在科學上多半都用觀察外觀這種簡單但可靠的方法來蒐集證據，拼湊出開花植物各科之間的關係。這包含了計算花朵呈現的不同部位；記錄形狀、大小和顏色等特徵；還有比較不同植物花朵之間的相似性和相異性。這種靠觀察的分類原則，被稱為「形態學（morphology）」。

　　依照這個原則所規畫的「植物科圃（Plant Family Beds）」，隱藏在皇家植物園的一個靜謐角落，高聳的磚牆保護、遮蓋了這些植栽。一八四六年，當威廉・胡克擔任皇家植物園園長時，他首度規畫了這個園區，向大眾及科學愛好者展示維多利亞時期植物學家所界定的各科植物之間的關係。

　　在這之前，磚牆圍出的區域曾為廚房花園，提供皇室生活所需，但後來維多利亞女王下令將這裡交由皇家植物園處置。一開始，威廉・胡克採用法國植物學家安托萬・羅蘭・德朱西厄（Antoine Laurent de Jussieu）所發明的自然分類系統（Natural System）科學分類方法來標示皇家植物園的植物，把植栽排列在非正式且沒有固定形狀的花圃上。到了一八六九年，喬治・邊沁和威廉的兒子約瑟夫・胡克重新用較符合科學原則的方法，來整頓這個有圍牆的花園。為反映這種較為精準的排列方式，他們為這個區域取了一個新名字——目圃（Order Beds）。

　　邊沁和胡克二世手執維多利亞時代植物學的牛耳，有條不紊地以他們獨到的通盤知識，來執行該項任務。兩人煞費苦心地將所有開花植物進行分類，並設計出一套新的分類系統來描述這些植物，前後花了超過二十年。他們將植物安排在長直條狀的花

一九〇〇年左右的皇家植物園植物科圃。
原本叫做目圃，根據演化關係來安排各株植物的位置

圃，以展示出這個系統的運作方式。這是很高明的想法；在他們　267
的觀念裡，教育一直都是很重要的部分。同一個時期，植物標本
館（Herbarium）裡的標本也根據同樣的原則被重新整理。

　　邊沁和胡克延續了博物學家約翰・雷（John Ray）先前完成
的工作，他把開花植物這一門（division）植物分為「單子葉植
物（monocotyledon）」和「雙子葉植物（dicotyledon）」：也就是
發芽時種子產生一個（單〔mono-〕）或兩個（雙〔di-〕）種子
葉片（子葉〔cotyledon〕）的植物。邊沁和胡克更進一步增加了
一個族群：裸子植物，或稱為非開花植物。在這三大分類族群裡
面，他們辨識出二〇二個不同的科。

　　基本上他們的分類方式，就是仔細檢驗開花植物的形態；換　268

句話說，就是構造和外觀——花瓣、雄蕊和葉片，以及其他無性繁殖的構造。邊沁和胡克選用清晰的外觀特徵來定義每一個科，他們的分類學（就是分析植物的特徵進行分類）因而非常實用，使得這個系統非常受歡迎。所以接下來的一百年間，即便英國國內外有著各式各樣的分類學方法在相互競爭，皇家植物園都還是沿用這個方法。

每一樣新的分類學都想要修正之前的分類方式，希望提供更好、更「自然」的方法來整理各科開花植物，讓新方法不論在植物標本館內或田野考察時，都能提供植物學家更多幫助。當然，舊的形態學分類技巧也有其限制。單純考慮外觀相似性的這種作法，在分類學家嘗試重建演化系統樹時容易產生一些重大的問題。這些問題就像在人類的家庭內可以看到的：有些關係相近的植物看起來一點都不像；而有些各自獨立演化、且實際上沒有什麼關係的植物，卻可能只因它們位在同一環境或生態區位（niche），外觀反而就很相似。

時至今日，形態學分類方式在田野現地仍然十分重要，研究人員必須能夠當場辨認出細微區別及變異樣式，這樣他們才能區別、發現物種，以及較高的分類層級。而這些都要歸功維多利亞時代的植物學家，那靠著無比耐心和手持式放大鏡所累積出來、有關植物基礎特徵的大量知識。然而，久居龍頭地位的正統學說，最終還是需要與時並進；這是科學領域常見的現象。隨著二十一世紀的到來，植物分類學需要突破。

269　　時間來到一九九〇年代早期。皇家植物園的僑佐爾實驗室（Jodrell Laboratory）共同領導一群跨國的植物學家，他們開始探

索新的可能性，要利用 DNA 定序的科學知識來開發不同的分類方式。他們的目標，是想看看基因分析能不能成為更好的植物分類方法；重點放在植物的分子性質，而不是只看外觀。僑佐爾實驗室的管理人馬克·柴斯（Mark Chase）解釋：「其實我們本來沒有打算要改變任何事情，我們只是想要評估看看，用 DNA 來檢驗植物之間的關係效果會怎樣，會不會結果根本就不適合。結果顯示非常合適，但我們一開始真的是不知道。」

被子植物系統發育小組（Angiosperm Phylogeny Group〔APG〕）是一個非正式的植物學家聯絡網，於一九九〇年代中期組成，其宗旨是利用 DNA 定序做為開花植物科別一個新的分類方式。其中所有的親緣關係，都是基於植物之間的相關性，也就是靠物種之間不同基因（DNA）的數量來定義。在過程中，也給小組一個機會來檢驗看看他們的研究成果能反映出多少現存的分類方式。結果令人困惑。小組成員將自己做出來的系統樹與邊沁、胡克和之後的該領域中堅份子，像是美國分類學家阿瑟·克朗奎斯特（Arthur Cronquist）所做的分類結果進行比較。他們著重的是「一致性（concordance）」的百分比，即他們的新系統所確認的科別數目，與舊分類法中的科別數目兩者之間的一致性比例。

APG 結果顯示，邊沁和胡克只憑肉眼和顯微鏡觀察而得的分類方式，大部分都是正確的。馬克·柴斯說起這個故事：「一開始，我們看到在科別層級的結果，都是相當好的，認出的科別一致性達到百分之八十七。」所以，邊沁和胡克只靠著植物形態學，就能夠正確分類了近百分之九十的科。以十九世紀極少的科技知識下所建立的分類方式來說，這樣的結果著實令人欽佩。柴

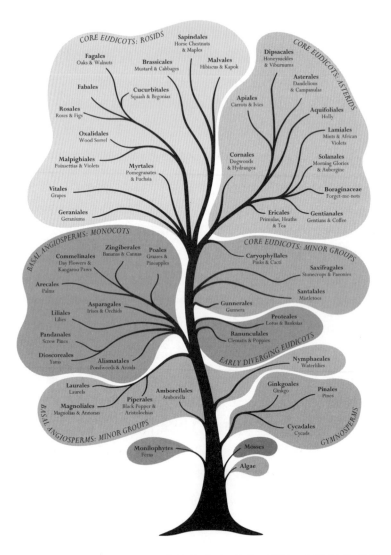

這幅植物演化樹顯示出目前對植物主要族群間相互關係的思維

斯繼續說著：「但是，其他百分之十不符合的部分中，也是有些重大的案例被他們弄錯了。而且，分配得特別不好的，是在比較高的分類層級（比較大的族群），像是目；目別一致性幾乎是零。」像芍藥科（Paeoniaceae）就是一個錯置的例子。芍藥一直都被認為是毛茛科（Ranunculaceae）的成員或近親；它們有很多相同的特徵，例如花朵就很相似。

不過被子植物系統發育小組的 DNA 分析發現，芍藥的親緣關係其實跟虎耳草（saxifrage）及佛甲草（stonecrop）比較相近，但在邊沁和胡克的目圃安排上，卻相距了好幾列之遙。所以可憐的芍藥得被連根挖起，移植到正確的列。對全世界的植物科學來說，是否接受 APG 的看法是個大哉問，因為開花植物的故事得就此大幅改寫。這個問題遠比命名深遠許多；APG 的新「系統樹」要求植物生物學家完全改寫這些植物的歷史。

在這重新歸類的工作上，化學也盡了一己之力。APG 分類方法在十字花目（Brassicales）裡增加了許多之前並不認為是親緣相近的科。先前，在阿瑟‧克朗奎斯特所發明的一個受歡迎的早期分類系統裡，有十個現在認為應屬十字花目的科被分屬在五個目、兩個亞綱之中。然而化學分析發現，這些植物都會生產「芥子油」，這是一種天然化合物，讓花椰菜、高麗菜和辣根這些辛辣植物產生特殊風味，同時也吸引紋白蝶來產卵。這些芥子油在植物細胞內透過複雜的生化機制產生，它不可能在許多不同科的生物體內獨立演化。

植物的系統樹有很多實務上的用途。例如，固氮作用（Nitrogen fixation）是豆科植物（Fabaceae 或 Leguminosae）的特

272

有功能，讓植物體可以收集在根系生長的微生物所生產的氮元素，這些氮元素對植物體相當重要。如果科學家想要研究固氮植物的起源，他們可以查詢系統樹，找出親緣關係最近、擁有相同條件的物種。「這個重要性對我們來說，是顯而易見的；如果我們可以讓其他植物物種產生自己所需要的氮元素，那麼我們就不用施肥了。」柴斯說道。

　　一如邊沁和胡克所處的時代，現在的研究重心還是演化和發育。「我們現在最感興趣的，」柴斯興致盎然地說道：「就是所有這些事物背後的原因。為什麼在世界歷史上很晚才發生的開花植物，竟然能這麼成功？為什麼它們有這些有趣的特性，在化學方面更是如此？一株被子植物所能製造的種子數量，比其他種類的植物體多非常多。光靠裸子植物所產生的種子或蕨類所產生的孢子，是無法發展出人類文明的——它們的數量就是不夠。真的很神奇，在這個星球的歷史上，竟然可以找到一群生產力如此大的植物，可以支撐七十億人口。」

273

　　對柴斯來說，植物不只是工作。他在僑佐爾實驗室的辦公室，以書架和窗臺上五彩繽紛的蘭花及其他植物聞名。「我是一個植物怪客……開花植物在這麼短的演化時間裡就占據了地球表面，而且成就這些驚人的事情——像是主動捕捉昆蟲，成為食蟲植物等等。開花植物真是不可思議啊！」

　　就像邊沁和胡克一樣，直至今日，科學家始終保持求知若渴的好奇心。

第 22 章

動態雨林

DYNAMIC RAINFOREST

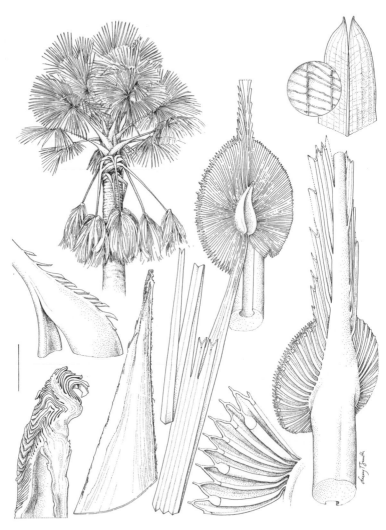

馬達加斯加的塔希娜棕櫚，二〇〇六年發現的棕櫚樹新種，
露西・T・史密斯（Lucy T. Smith）繪

　　一〇〇六年末，在植物學家們以為棕櫚科植物的分類地位終　277
於要塵埃落定時，突然又有特別的新聞冒出來。有位法國
人澤維爾‧梅茲（Xavier Metz）在馬達加斯加經營農場，某天他
和家人在島上西北部偏遠地區散步時，看到一棵巨大的棕櫚樹，
樹頂還開滿了一簇簇的黃色花朵。樹體非常龐大——高十八公
尺，扇形葉長五公尺——卻不曾出現在任何科學文獻上。當這棵
棕櫚樹的標本從馬達加斯加送達英國時，皇家植物園前棕櫚樹研
究長約翰‧篆菲爾德（John Dransfield）發現，這棵樹不只是個
新物種，同時也自成一個新屬：塔希娜屬（*Tahina*）。

　　「最初有人寄了一封電子郵件給我，裡面有六、七張圖片要
我看，」篆菲爾德解釋；他現在已經退休，但仍擔任皇家植物園
的榮譽研究員。「看起來就跟印度或斯里蘭卡的貝葉棕（*Corypha
umbraculifera*）一樣，有著巨大的扇形棕櫚葉。不過地點不對，
馬達加斯加沒有貝葉棕屬植物。我興奮得不得了，又跟澤維爾‧
梅茲聯絡，要他寄更多照片給我。我知道這一定是別的植物。米
喬羅‧雷可淘里尼夫（Mijoro Rakotoarinivo）是我在馬達加斯加
的好同事，他可以在第一線採集標本。二〇〇七年四月，他正要

278　來皇家植物園找我，以便完成博士學位的最後工作。我們度過了一個最刺激的復活節。我一打開他帶來的標本盒，就認定這個樹種屬於 Chuniophoeniceae 族（tribe，介於科和屬之間的分類層級），這個族在當時包含了三個屬：泰棕屬（*Kerriodoxa*）、瓊棕屬（*Chuniophoenix*）和中東矮棕屬（*Nannorrhops*）。

　　「塔希娜超大，是非常非常大的棕櫚樹種，而且只生長在馬達加斯加。而泰棕是生長在普吉島和泰國南部低海拔山區及潮溼雨林的棕櫚樹；瓊棕是生長在中國和越南的小型森林灌木棕櫚樹；中東矮棕則是阿拉伯、阿富汗和巴基斯坦的沙漠棕櫚樹。這四個不同屬的植物怎麼會聚在一起？嗯，就是因為花序〔植物體花朵的完整樣式〕結構相似。這也是為什麼我一打開標本盒，就能說出這是 Chuniophoeniceae 族的植物。後來我一位很聰明的學生檢驗了這株植物的分子組成，他也同意這株植物應該分在這一族。」

　　篡菲爾德、雷可淘里尼夫和他們的同事把這個新植物命名為塔希娜棕櫚（*Tahina spectabilis*）。*Tahina* 在馬達加斯加語中的意思是「受祝福的」，同時也是梅茲的一個女兒的名字，而 *spectabilis* 則是拉丁文「壯觀」的意思。

　　塔希娜棕櫚是皇家植物園的植物學家自一九八〇年代以來發現的眾多棕櫚新種和新屬中的一個。一九八七年發行的第一版《棕櫚科屬誌：棕櫚樹的演化和分類》（*Genera Palmarum: The Evolution and Classification of Palms*）中詳細列出了共兩百個屬，兩千七百個棕櫚樹物種。但到二〇〇八年中期、第二版終於付梓時，作者將兩千五百個棕櫚樹物種分配在一百八十三個屬，其中

還包括最後及時加入的塔希娜棕櫚。物種數量的減少，是因為經過嚴謹的檢驗後，有些本來以為不同種的樹種，其實只是其他物種的不同變種（支持粗分的約瑟夫・胡克應該會對這樣的彙整感到欣慰）。但其中也有大量從一九八七年以來發現的新物種。像這樣利用遺傳學工具對開花植物進行分類，讓我們大大增進對棕櫚科的了解，使該領域的專家能以 DNA 為基礎，來幫棕櫚樹建立「生命之樹」。新的分類方式反映出棕櫚科的植物史，以及造成目前全世界棕櫚樹分布的演化路徑。

　　提到棕櫚樹，大多數人會聯想到熱帶海岸落日餘暉的典型樹影，或是英式庭園常見的一些耐寒樹種，例如棕櫚（*Trachycarpus fortunei*，又稱唐棕）。其實這些棕櫚樹都是一種叫做棕櫚科（Arecaceae）的開花植物，種類非常繁多。皇家植物園棕櫚館有兩百四十九個棕櫚樹物種；漫步其中，可以深刻體會到棕櫚科內不同體型、葉形和顏色的多樣性。

　　皇家植物園裡面最大型的活體標本，是俗稱「巴巴蘇（babassu）」的毛鞘帝王椰（*Attalea butyracea*）；高大粗壯的樹幹頂端覆蓋著葉冠，高聳在溫室正中央，葉子都快碰到弧形頂點了。它附近的眾多親戚包括：頂部有大扇形葉、樹幹相對較短的卡里多棕（*Kerriodoxa elegans*）；具有叢生莖幹和斑駁葉片的山檳榔屬植物 *Pinanga densiflora*；淺色樹幹上有邪惡黑棘的墨西哥星棕（*Astrocaryum mexicanum*）（棕櫚館館長史考特・泰勒〔Scott Taylor〕的疤痕證明這些黑棘可以刺穿皮膚）；還有基部寬厚呈黃褐色、優雅的酒瓶椰子（*Hyophorbe lagenicaulis*）。

　　泰勒的工作是要確保展出的棕櫚樹具有多樣性，健康狀況良

279

皇家植物園最大的活體棕櫚樹，俗稱巴巴蘇的毛鞘帝王椰

好，還有當巴巴蘇的高度超過溫室屋頂而需要被換下時，有取代　281
的展示標本。外表壯健的非洲油椰子（*Elaeis guineensis*）是可能的
候選標本。

泰勒解釋這些標本怎麼輪替。「如果要移動這棵棕櫚樹，」
他指著從基座長出十公分寬鋸齒狀葉片的大棵油椰子說道：「我
會在兩側各留大約半公尺的距離，先在一側挖出溝槽〔完整程序
包括斷根、挖溝，以及回填有機質幫助新根生成〕，給它一段時
間復原，然後在另一側做同樣的工作，然後再做其他地方。整個
過程可能花上好幾個月，但這樣可以形成很好的根球。我們也會
修剪葉子來平衡受損的根部。」

有很多新的棕櫚樹在等著騰出空間輪番上陣展出，*Veitchia
subdisticha* 就是其中之一；這是僅見於所羅門群島的野生樹種，
因為根部形狀特殊，一般稱為高蹺棕櫚樹。

皇家植物園的活體棕櫚樹收藏，在最近的重新分類過程中扮
演了重要角色。從這些植物體內抽取出來的 DNA，在建立棕櫚樹
物種的系統樹上幫了大忙。利用遺傳學工具所建立的五個演化族
系，在新的分類系統中稱為五個亞科（subfamilies）：省藤亞科
（Calamoideae）、水椰亞科（Nypoideae）、貝葉棕亞科（Coryphoideae）、
檳榔亞科（Ceroxyloideae）以及蠟椰亞科（Arecoideae）。省藤亞科
包含二十一屬，多為有刺的棕櫚樹，具有蔓藤狀藤莖，常用來製
造家具。水椰亞科只有一屬一種，就是生長在亞洲沼澤區，有紅
樹林棕櫚樹之稱的水椰（*Nypa fruticans*）。貝葉棕亞科下面有四十
六屬，是扇葉棕櫚樹的主要成員，不過也包含棗椰屬（*Phoenix*）
等一些不同葉型的棕櫚樹。檳榔亞科有八個特徵各異的屬；而蠟

282　椰亞科則為最大的亞科，有一〇七屬，包含椰子樹和油椰子等大家熟知的樹種。

「我們徹底重新整理了亞科，」皇家植物園標本館助理館長比爾・貝克（Bill Baker）解釋，他同時也是棕櫚樹分類學家：

> 我們驚訝地發現，所有羽狀複葉的棕櫚樹族群都是由扇葉棕櫚樹衍生出來的。儘管在實務層級上，很多屬維持不變，但是整個棕櫚樹的演化結構已經被重新檢視過了。
>
> 過去關於棕櫚樹彼此之間的關係、應該如何分類的推論，都是基於直覺，還有傳統未經檢測的假設。
>
> 其實所有生物都是這樣的狀況，不是只有植物。大家接受也了解演化，但卻遲遲沒有一個客觀的方法可以試著拆解它所訴說的故事，關於化石紀錄的研究也很短缺。但 DNA 序列本身就是一種神奇的化石紀錄。它們顯示百萬年來累積在基因體內、並留存下來的突變。有些被覆蓋和改寫，同時其中也有些矛盾和混亂，但這類訊息在某種程度上就是一種分子化石紀錄。

時至今日，棕櫚樹在全球的分布多樣性並不是很平均。有近一千個物種生長在馬來半島和新幾內亞之間的群島上；美洲有七百三十個物種；馬達加斯加有一百九十九個；但整個非洲大陸只有六十五個物種。棕櫚樹最大的多樣性見於炎熱潮濕的熱帶雨林；只有少數生長在乾燥氣候地區。

後面幾章的植物，和本章的棕櫚樹，都是已知最早出現在白

堊紀（Cretaceous）時期，也就是一億四千五百萬年前的植物。　　284
利用最新的遺傳學技術，貝克和他的同事們可以證明今日棕櫚樹
的變異始於白堊紀中期，也就是大約一億年前。他們分析棕櫚樹
如何演化出現今的地理分布，認為距今最近的棕櫚樹共同祖先之
分布地點，最有可能集中在北美、中美和歐亞地區。

　　一直以來，植物學家都在探究雨林如何形成。亞弗瑞德・羅
素・華萊士在十九世紀中期造訪巴西亞馬遜河流域後，成為首次
提及該問題的博物學家之一。他仔細研究當地的雨林動植物後得
到的結論是，「赤道森林萬物（great mass of equatorial forests）」
一定是受益於長期穩定的氣候條件，而溫帶地區的生物則不斷地
經歷考驗和滅絕。他在一八七八年所寫的《熱帶自然與其他論
文》（*Tropical Nature, and Other Essays*）一書中說道：

> 演化發生的過程是由數不盡的困境累積而成。因此，從
> 過去和現在的生命歷史來看，赤道地區比溫帶地區保留
> 了更多古老世界的樣貌；在這個世界裡，生命進步發展
> 的過程沒有被歲月抹去，變化多端的各種美麗生命形態
> 都得以保存下來。

　　皇家植物園的研究顯示，棕櫚樹的演化符合持續變異的模
式。若用棕櫚樹來代表雨林生態系統，那就與華萊士的原始假說
一致；也就是說，現今雨林裡所見的豐富物種，都是逐漸演化出
來的。儘管我們現在認為，雨林內瞬息萬變的天氣，造就了非常　　285
動態多變的環境。其他的研究也支持這種說法，多樣性是由非常
長時間的演化所造成。美國石溪大學（Stony Brook University）

位於阿曼（Oman）的棗椰叢

的科學家就發現，六千萬年來，不同族群的樹蛙各自棲息在亞馬遜盆地，造就了亞馬遜地區的樹蛙多樣性。

由於棕櫚樹生長在熱帶雨林，且常常出現在人煙罕至的偏遠地區，讓我們得以一直不斷發現科學上的新種。光是二〇〇九年，也就是《棕櫚科屬誌》（*Genera Palmarum*）第二版發行後的一年，就辨識出二十四個新的棕櫚樹種，其中二十種來自馬達加斯加。另外在皇家植物園，貝克也剛發表了十五個省藤屬（*Calamus*）新種，同時命名了三個只有單一物種的新屬，其中一個是以華萊士命名。有些新種非常罕見；例如沒有樹幹的矮株小林椰子（*Dypsis humilis*），數量少於十株，目前僅見於馬達加斯加東北部，其他產地則未知。它們原本長在一塊當地人大量開發林業的森林一角，所以這類棕櫚樹很可能在科學家有機會仔細研究之前就已滅絕。

棕櫚樹是非常有用的植物。它可以加工製成許多種產品——油品、飲料、椰子、棗椰子、藤杖、纖維和茅屋材料——許多都有助於維持熱帶地區的鄉村人口。隨著許多雨林生態系統面臨來自伐木業、農地消失及氣候變遷所造成的壓力，植物學家現在正努力跟時間賽跑，以尋找並記錄棕櫚樹的新物種。以塔希娜棕櫚來說，剩餘的野生植株屈指可數，但這是情況相對較好的樹種；這些塔希娜野生植株的種子已被繁殖並散布到馬達加斯加及世界各地，希望能增加植株數量。而販售種子的收益則回饋給當地社區，讓他們能夠受惠於他們的珍貴棕櫚樹種。

至於還沒被發現並分類的棕櫚樹，情況就沒這麼樂觀了。有時候光是收集證據，以便在信譽良好的期刊上正式發表一個植物

286

位於喀麥隆（Cameroon）的非洲油椰子園

新種，就要花上數月甚至數年的時間。「我們必須找到又快又好的方法，來取得生物多樣性的訊息，」貝克積極地說著。「還沒被發表的物種無法被決策者看到，也無法登上 IUCN（國際自然保護聯盟，International Union for Conservation of Nature）的紅色名錄（紅皮書）成為瀕危物種，所以就無法被加以保護。」而且就像皇家植物園所說的，如果棕櫚樹的多樣性是花了一億年時間才建立起來的，一旦雨林棲息地被人類破壞，就需要同等長度的時間才能重建。

第 23 章

捕捉與洩降

CAPTURE AND DRAW-DOWN

十九世紀，
秘魯聖胡安谷（San Juan Valley, Peru）的金雞納樹皮採集狀況

早在十九世紀中期，植物學家理查德・斯普魯斯（Richard　289
Spruce）就發覺人類的活動對全世界的植物相和動物相很
不友善。在南美洲進行採集行程的十五年間，他推論，如果人類
想要利用植物，就必須保育它們：「當人類對秘魯金雞納樹皮、
洋菝契、彈性橡膠等珍貴物質的需求不斷上升時，森林所產出的
供給將會隨之減少，終至完全用罄。」他寫道。

　　喬治・帕金斯・馬許（George Perkins Marsh）是現在公認的
美國保育運動（American Conservation Movement）之父，他對一
八六四年《人與自然》（*Man and Nature*）一書中所認為的、人文
活動對自然世界有正面影響的看法提出質疑；他認為，環地中海
的古老文明就是因為濫墾濫伐山坡地導致土壤侵蝕，才自取滅
亡。雖然後來美國成立了優勝美地（Yosemite）和黃石公園
（Yellowstone）等國家公園做為荒野保護區；但人類活動會對環
境造成衝擊的看法，一直要到第二次世界大戰後才成為全球共
識。

　　一九七〇年列出的第一份瀕危植物名單指出，有兩萬個植物
物種需要某種程度的保護才能生存。之後，一九九二年聯合國環　290

境與發展會議（United Nations Conference on Environment）暨首屆跨國地球高峰會（Earth Summit）提出了生物多樣性公約（Convention on Biological Diversity），呼籲各國保護瀕危的物種和環境。一個新的政治用語由此產生：「生物多樣性（biodiversity）」。這個詞彙的定義是：「所有活體生物之間的變異性，生物來源包括陸地、海洋和其他水域生態系，以及所組成的各種生態複合體；這些多樣性包括了同一物種之間、不同物種之間，和不同生態系之間的。」

接下來的二十年，都將注意力集中在找出生物多樣性受威脅，以及瀕危物種集中度最高的區域。許多全球性的議題都是針對這些區域。現在地球上有百分之十三的陸地受到保護，國際自然保護聯盟（IUCN）則定期公布瀕危物種紅色名錄（紅皮書），幫忙找出瀕臨滅絕的物種。

儘管有這些努力，各國政府還是沒能貫徹生物多樣性公約在二〇〇二年所設定的目標——二〇一〇年時，全球各地和各國都得明顯降低生物多樣性的流失速度。在大多數情況下，生物多樣性的流失現象還是一樣未見改善。

無法達到目標的理由眾說紛紜，許多政客和政策制定者更是一副「那又怎樣」的態度。面對氣候變遷、人口增長、能源安全，還有都市化對土地的過分需求等挑戰，他們質疑：生物多樣性是否已成為我們無法負擔的一種奢侈要求。

二〇〇五年所發布的一項劃時代研究，徹底改變了保育工作的政治版圖。以往為了保育，會將生物多樣性視為需要保存之標的，但千禧年生態系統評估（Millennium Ecosystem Assessment）

卻不同，它開始計算生物多樣性和具多樣性的生態系對人類生計　291
和福祉的影響。這是有史以來第一次，生物多樣性被視為一項商
品，來評估其對人類的貢獻。這些貢獻包括了供應服務（生物多
樣性能提供食物、淡水、木材、纖維和燃料）；調節服務（生物
多樣性能調節氣候、洪水和疾病，還有淨化水源）；和文化服務
（生物多樣性能提供美學、精神、教育和娛樂效益）。

　　這樣一來，保育工作將會徹底脫離之前的模式，不再只保存
瀕危物種最集中的地區。試著想像一幅景觀，裡面有一片森林、
平原、平原空地錯落的樹木，還有背景裡覆蓋著山脈的稀疏植
被：在傳統的「保護區」策略下，目標可能只著眼於保護森林，
因為幾乎能確定它是這幅景觀內物種最豐富的區域；然而，生態
系服務評估卻認為森林代表了碳洩降（draw-down）的重要資源
（植物經由光合作用從大氣中移除二氧化碳）並防止土壤侵蝕
（調節服務），而平原周圍的樹木則是授粉者重要的供糧和築巢
棲息地（調節服務），平原本身的重要性在種植農作物（供應服
務）上，而山脈則是用來灌溉農作物的河流起源，並有娛樂或精
神上的重要性（文化服務）。所以這幅景觀現在以非常不同的方
式分割。這種方式需要科學家了解生物多樣性所提供的生態系服
務，計算其對社會的價值，以及維持多樣性所需的成本。

　　這種「新」的方法已被各國政府廣泛接受。二〇一二年成立　292
的跨政府間生物多樣性與生態系服務平台（Intergovernmental
Platform on Biodiversity and Ecosystem Services）評估地球上的生物
多樣性、生態系，以及它們對社會提供的重要服務之狀態，但卻
未能釐清哪些服務對社會才是重要的。聯合國環境規畫署

（United Nations Environment Programme）最近提議，各國應該以「綠色經濟」為目標。它開宗明義地表示「期望促進人類福祉和社會平等，有效降低環境風險和生態匱乏，」並指出最重要的一點就是得靠生物多樣性，才能達到如此目標。

今日人類所面對最大的環境風險之一，就是氣候變遷。該現象是因大氣中二氧化碳濃度增加所導致，而其濃度已達到百萬分之四百（parts per million, ppm）。也就是說，它比過去八十萬年以來的任一時間點（我們從冰核紀錄〔ice-core records〕獲得這段期間大氣中二氧化碳含量的紀錄）還多了近百萬分之一百二十。

我們得盡快找到有效的方法，來降低大氣中的二氧化碳含量，而植物在這點上扮演著非常重要的角色。樹木是最能有效將二氧化碳從大氣中移除的生物——它們的光合作用能把碳留在木材、樹葉和根部內。植物在調節大氣上所扮演的重要角色長期以來眾所周知，但直到過去這幾十年間，樹木的價值才開始受到應有的重視。樹木是重要的二氧化碳「吸儲庫」，處理生物圈（地球上所有生物體居住的區域，包括地面和空中）裡幾乎所有從大氣中提取出來的碳。生長快速的樹種很快就能長得高大又長壽，成為最大的即時碳匯（carbon sinks）。常見的例子不勝枚舉：在熱帶地區有亞馬遜雨林的巴西栗（*Bertholletia excelsa*）、非洲的紅鐵木（*Lophira alata*）以及亞洲很多常見的大型闊葉樹，它們在降低二氧化碳的工作上都扮演了重要角色。在溫帶地區的加州紅木和智利柏（*Fitzroya*）等巨型樹木生長快速、可以長到很大，且能存活幾百年，可能也都非常重要。

估計在二○○○年到二○○七年間，全球森林碳匯每年從大

294

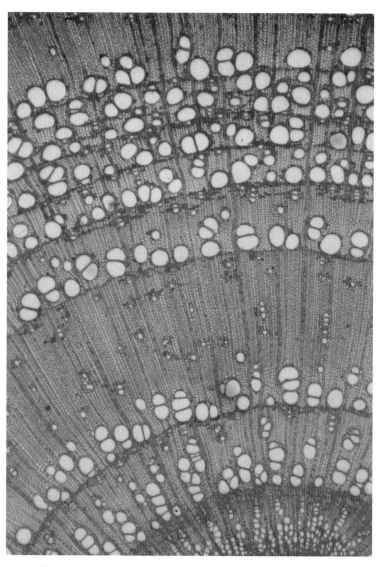

顯微鏡下的樹輪。樹木總是很有效率地吸收二氧化碳，
並把碳保存在木材、樹葉和根部

氣中提取出二十五億公噸的碳。全球熱帶雨林每年吸收高達十三億公噸的二氧化碳，緊接在後的是溫帶森林（七點八億公噸）和北方針葉林（五億公噸）。然而有趣的是，熱帶雨林的後生樹（regrowth）——從過去的毀林和伐木造成的損害中恢復的熱帶森林，展現了相對快速的早期森林成長——提供了最大的吸儲庫，每年負責高達十七億公噸的碳。成長較快的年輕樹木所吸收的碳，遠高於成長較慢的成熟樹木。

在某種意義上，這樣的故事可算是個「好消息」——總還有一線生機，一旦土地廢棄，熱帶雨林就開始恢復，大氣中的二氧化碳就跟著開始降低。這正是現在一些碳交易員（carbon trader）的標準思路，他們把這些區域看成重要的投資機會：買下被破壞的森林，然後三十年內會重新長成森林；過程中降低大氣的二氧化碳，可同時用來交易及支付碳補償（carbon offsets）。*

然而最近在皇家植物園進行的工作值得注意。皇家植物園的科學家莉蒂亞・寇爾（Lydia Cole）觀察南美、中美、非洲和東南亞四個主要地區的化石花粉序列，來檢驗熱帶森林被干擾後的恢復速度。她檢驗了雨林復原的時間，發現有很大的變化。有些區域復原很快，三十年內就可以恢復成森林。但有些地區需要五百年才能再次成林。平均起來，熱帶雨林的恢復速度是兩百五十

296

---

* 譯註：碳交易的基本思維是，減少大氣中一定數量的碳，就可獲得定額金錢。而超額排放碳的公司，或搭乘長程交通工具排放額外碳量的乘客，得繳交一定金額的碳補償，用於環保用途。因此碳交易員就有了獲利空間：他們可將減碳量的額度賣給超額排放、須繳交碳補償的公司。

新加坡的熱帶雨林

年。不同地區也有顯著的不同：中美洲的森林恢復得最快，南美洲則最慢。干擾的種類也會影響恢復速度：受到颶風和火災等自然災害破壞的森林，比受到人為干擾的森林能更快恢復到原本的狀態。我們需要更多的研究工作，來進一步解釋這些變異性的原因及意義。

用來美化都市景觀的樹木，也有影響碳「預算」的可能。最近的研究估計，美國都會區樹木的碳總儲存量接近六億四千三百萬公噸。這些樹木每年吸收接近兩千五百六十萬公噸大氣中的二氧化碳，約占全球總量的百分之一。這個數字雖然很小，但仍然不可小覷，它們讓都市居民能在辦公室裡欣賞窗外的樹木，中午休息時間可以坐在樹下享用三明治午餐，並呼吸著這些樹木所調節的空氣。

那麼，皇家植物園內的一萬四千棵樹木從倫敦的空氣中吸收了多少二氧化碳呢？利用和美國研究相似的方法，皇家植物園分類學家提姆・哈里斯（Tim Harris）認為即使僅在西倫敦一隅，這些樹木每年就洩降了高達八點六公噸的二氧化碳。

大氣中二氧化碳上升所帶來的風險，是全球性的問題。但對於要保護什麼、在何時及何地保護，似乎仍存著很大的分歧。而在此同時，我們也得減少人類活動為稀有動植物帶來的風險。

拿蜜蜂做例子，整個歐洲和美國過去幾十年來，都曾發生境
297　內蜜蜂數量減少的情況，且連帶降低了授粉這項生態系服務。這個數量減少背後的原因很複雜，人們對其了解也很有限。然而，分子層面的生物多樣性研究提供了耐人尋味的深入見解，而這可能有助於解決問題。

皇家植物園的樹木估計每年洩降八點六公噸的二氧化碳

　　發生在咖啡身上的故事或能提供部分的解答。咖啡因是植物用來抵禦草食性昆蟲的物質。可想而知，它在帶有苦味的咖啡豆和茶的嫩葉中就是扮演著這樣的角色。但是，皇家植物園的科學家菲爾·史蒂文森（Phil Stevenson）和他的同事們發現，咖啡因也存在於咖啡植株花朵的花蜜中。可想而知，花蜜是花朵吸引天然授粉者靠近的誘因，所以咖啡植株的花蜜中所含的咖啡因濃度會低於蜜蜂的味覺門檻，也不會造成排斥效果；但其實不然。史蒂文森的團隊研究成果證明，這些咖啡因反而會增進蜜蜂對花朵的記憶，並會連結至做為食物誘因的花蜜上。我們都知道花朵的氣味、顏色和形狀等等，是用來讓蜜蜂辨認並記憶花朵做為食物的重要特徵。而食用混有咖啡因的花蜜，似乎會加深蜜蜂對植物特定信號的印象，甚至勝過其他植物所傳達的信號，因而吸引它

298

們更常造訪，造成較優勢且頻繁的授粉作用。這是關於植物如何比其他植物更具競爭優勢的一項驚人發現。

目前正在開發利用咖啡因增強記憶的作用，來訓練商業蜜蜂並賣給農夫，增進軟質水果的授粉作用。像草莓需要在數天內多次進行授粉，來確保水果品質和產量滿足英國消費者的需求；但由於野生授粉者數量降低，無法提供足夠的授粉服務，所以農夫們大量引進熊蜂群來增加授粉，以確保農作物的豐收。但這些商業蜜蜂容易被樹籬植物物種擾亂，而降低草莓授粉效率。因此皇家植物園的科學家就在原地緩慢地從草莓花朵中釋放草莓氣味，並在飼料中添加咖啡因，來訓練這些商用蜜蜂，讓牠們專注於向草莓花朵尋找糧食。這些蜜蜂因此對草莓的印象比其他植物深刻，並達成較好的授粉作用跟產量，降低農夫的成本；而這種方式對野生物種和它們的天然授粉者的衝擊也較少。

我們都知道，小果咖啡（*Coffea arabica*）的小顆棕色種子可以用來烘焙、熬煮，然後飲用。現在我們也可以利用它來幫助蜜蜂辨認草莓植株。這個例子只代表著一小部分尚未開發的生物多樣性潛能——大至森林，小至分子化合物，都有提供調節服務並降低環境風險的潛能。這些潛能很巨大，但大部分都還未被了解，也還未被賦予價值。開發這些潛能並計算其金融價值，可以幫助我們了解植物對人類的生活有多麼重要。

第 24 章

綠色樂園

GREEN AND PLEASANT LANDS

英國皇家園林（Hestercombe Gardens）的階梯式瀑布，
一七五○年代由科普斯頓・瓦爾・本菲德
（Copleston Warre Bampfyde）設計

觀念變了，語言就會跟著變。綠色本來只是個顏色，現在已 　303
經成為一種生活形態、一種哲學、一個政治理想。甚至政
府也想要成為「史上最綠的」（這會讓上一代的政客一頭霧水；
對他們來說「綠色」指的是高爾夫球場的果嶺，而不是選舉候選
人）。在國際層面上，聯合國也已提出「綠色經濟（Green
Economy）」的範疇，這個詞彙在幾十年前完全沒有任何意義。

　　我們和大自然的關係，已和政治運作、蓋房子、教育下一
代、經濟活動結為一體。就像我們在第二十三章看到的，要從這
段關係裡得到我們想要的，必須先有個方法，來評估我們能夠從
中獲得的價值。我們需要量化、評估大自然提供給我們的各種服
務，並將其分解成我們對這世界的計畫。這是一個新的觀念，還
隨之衍生出一些新的詞彙：「自然資本（natural capital）」；「生
態系服務（ecosystem services）」。現在被認為最重要的服務，是
可以支持人類福祉的服務。生物多樣性除了有助於調節我們的地
球之外，也提供了美學、精神、教育和娛樂服務。

　　都市居民尤其需要公園和樹木。倫敦在這方面一直都做得很
好。儘管在彼得・阿克洛伊德（Peter Ackroyd）這位極為敏銳的

304　觀察家兼作家眼中，其所建構的環境是個「醜陋的都市」，不過這些公園卻是歐洲都市的亮點之一。[*]

　　這些公園、遊樂場和後花園，就像茫茫都市中的生物多樣性島嶼，提供食物和棲息地給各種野生生物。但這些綠地不只對野生生物來說重要；我們也不單純是為了綠地的利益而保留生物多樣性，我們是為了自己，而保留這些空間做為娛樂和休閒之用。它們為人類活動提供了一個重要的資源：生態系服務（ecosystem service）。它們有著如下價值：自然資本。

　　皇家植物園自然責無旁貸，具備這些功能；當然，它也是神聖的科學殿堂。但是，這兩種身分並不是一直都能和諧共處。

　　十九世紀時，浪漫主義者的藝術運動把大自然當作靈感啟發的來源。康斯特勃（Constable）和透納（Turner）等畫家捕捉壯麗的景觀，華滋華斯（Wordsworth）和柯勒律治（Coleridge）等詩人漫步湖區（Lake District），建立了整個自然哲學，而作曲家孟德爾頌（Mendelssohn）和貝多芬（Beethoven）則召喚暴風雨和海景，扣人心弦。美國作家亨利・大衛・梭羅（Henry David Thoreau）更是前所未見，花了兩年兩個月又兩天住在麻薩諸塞州的湖邊小木屋：「我進入樹林，因為我希望從容不迫地生活，僅僅面對生活中最基本的事實，看看我是否能掌握生活的教誨，使自己不至於在臨終時，才發覺不曾好好生活過。」他將這個經驗鉅細靡遺地記錄在一八五四年出版的《湖濱散記》（Walden）

---

[*]　譯註：語出彼得二〇〇〇年的作品《倫敦傳》（London: A Biography）。

一書中，從此成為回歸自然派（back-to-Nature）的代表人物。

　　像約瑟夫・胡克這樣嚴肅的科學家，身為皇家植物園的主管，他沒有時間處理生活這種事情，也不認為他的植物園應該用來讓一般大眾陶冶性情。胡克大聲地疾呼著，他認為皇家植物園的「主要目標」是「在於科學性和實用性，而不是娛樂性」；這個地方完全不該提供給「只想尋歡作樂的人⋯⋯他們只會無禮地嬉笑打鬧」；這種人在一般的市立公園就能一邊低俗嬉鬧，一邊欣賞糟糕造景，不需要來皇家植物園。胡克堅持，只有認真的植物學者和藝術家可以在上午進入植物園，並且強烈反對延長植物園的開放時間給一般大眾參觀。

　　而反對者則持比較開放民主的看法。工程處主任委員（Commissioner at the Office of Work）兼國會議員阿克頓・斯米・艾爾頓（MP Acton Smee Ayrton）於一八五〇年從林務局（Woods and Forests Department）手中接掌皇家植物園。艾爾頓認為，一般大眾對植物學和園藝的興趣蓬勃發展是件好事。尤其當時的科學界幾乎完全以男性為主，對女性來說，植物園是一個能讓她們發展興趣和熱情的舞台。胡克和他的反對者為了這些花花草草針鋒相對，戰爭一觸即發。當事情演變成意氣之爭後，胡克那惡名昭彰的難相處個性更是火上加油；連他的支持者暨好友達爾文都說他「容易衝動，而且愛發脾氣」。而當時，在皇家植物園和大英博物館的自然史部門（自然歷史博物館 Natural History Museum 的前身）之間也有激烈競爭，雙方都認為自己的植物收藏最具重要性。當艾爾頓站到自然歷史博物館的理查・歐文（Richard Owen）這邊時，整件事情達到了顛峰。艾爾頓等人打算把皇家

NOTICE

IS HEREBY GIVEN,

THAT BY THE

GRACIOUS PERMISSION OF HER MAJESTY,

THE

ROYAL
PLEASURE GROUNDS
AT KEW

Will be opened to the Public on every Day in the Week from the 18th of May, until Tuesday, the 30th of September, during the present Year,—on Sundays, from 2 o'clock P.M., and on every other Day in the Week from 1 o'clock P.M.

THE ACCESS to these Grounds will be in the Kew and Richmond Road, by the "Lion" and "Unicorn" Gates respectively; and, on the River Side of the Grounds by the Gate adjoining to the Brentford Ferry; the Entrance Gates to the Botanic Gardens on Kew Green being open as heretofore.

Communications will be opened between the Botanic Gardens and the Pleasure Gardens by Gates in the Wire Fence which separates the two.

It is requested that Visitors will abstain from carrying Baskets, Parcels, or Refreshments of any kind into the Grounds. Smoking in the Botanic Gardens is strictly prohibited. No Dogs admitted.

By Order of the Right Honourable the First Commissioner
of Her Majesty's Works, &c.

Office of Works, April 15, 1856.

PRINTED BY HARRISON AND SONS, ST. MARTIN'S LANE.

皇家植物園公布開放時間的海報，一八五六年

植物園珍貴的植物標本館（Herbarium）移到南肯辛頓（South Kensington），讓皇家植物園變得像個公園。但胡克（擁有達爾文和地理學家查爾斯‧萊爾〔Charles Lyell〕的支持）奪得了最後的勝利。後來在英國議會的辯論中決定讓植物園保留其重要收藏，並撤銷了艾爾頓監管皇家植物園的職務，而他在下一次的選舉中也失去了議會席次。毫無疑問地，胡克對這樣的結果感到相當滿意。

胡克或許贏了這場戰役，但他並沒有在整場戰爭中獲得勝利。最後的結果是：皇家植物園雖仍維持其做為頂尖科學的中心地位，但也得開放給一般大眾參觀使用。現今的科學家認為植物園可以，也必須同時具備這兩種功能；這兩種功能對人類社會和福祉來說是同等重要的，對人類健康也至關重要。

就像第一章所說的，最早的一些植物園是中世紀的「藥用」植物園，主要種植醫療用的香草和植物。十六世紀起，在義大利的比薩、帕多瓦及法國的蒙佩利爾等地，許多藥用植物園開始流行提供藥用植物給大學醫學院。而植物園也是進行研究的地方：古希臘人會聚集在橄欖樹林裡進行辯論及學習，即為「學術界（Groves of Academe）」一詞的起源。

早期很多藥草園醫生都是僧侶或其他宗教人士，他們在男子修道院的庭園裡工作、運動或禱告。一如從前，這些庭園現在仍是食物和藥物的供應場所，也提供休閒和冥想之用：它是一項自然資本，並且提供生態系服務。

一直以來，自然遺跡的保存和宗教信仰都有著顯著的連結。美索不達米亞和埃及的神廟都設有庭園。在印度，做為印度教

307

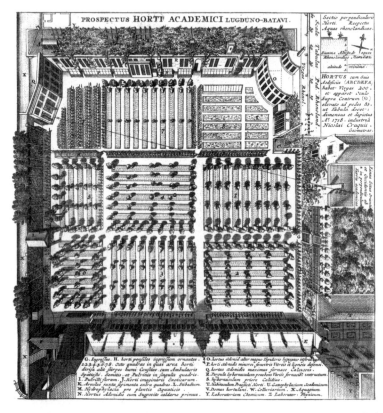

荷蘭萊頓植物園（Leiden Botanical Garden）平面圖，一七二〇年

「神廟」的聖地隨處可見。中國和日本的佛教庭園很是興盛。日本神道神社經常設有聖壇，裡面種植的日本柳杉備受民眾尊敬。諾爾斯人（Norsemen）*聖地裡的每棵樹木都是用來祭神的，而活人祭典就在樹下進行。中世紀歐洲的男子和女子修道院都有「聖母花園（Mary gardens）」，種滿了象徵聖母瑪利亞的花卉、植物和樹木，讓人們可以更接近上帝，就像聖經裡提到的客西馬尼園（Garden of Gethsemane）在復活節對三個瑪麗造成的影響那樣。

　　「不只英國，世界各地保存了很多不同宗教的祭祀聖地，」英國公開大學（Open University）地理學講師尚農・巴格圭特（Shonil Bhagwat）研究保育工作和聖地之間的關聯，他說道：「像那些平常的巨石陣，往往都跟古老的植物有關。而在英國也曾考察、記錄過數千棵的短葉紫杉老樹（yew tree）。」毫無疑問地，這座落在許多英格蘭古教堂院落裡的巨大老樹，仁慈地庇蔭著村裡數百年來的家族墓地，是村民們重要的精神寄託。作家湯瑪斯・哈代（Thomas Hardy）就指出它們在人類生命循環中的核心地位：「這株紫杉的部分枝條，曾是我家祖先的舊識……」

　　「每個聖地的形狀和型式都非常不一樣，」巴格圭特說道。有項研究發現，天然聖地存在於寺廟林園、自生林（indigenous forests）、農林計畫內的地段、聖河沿岸、海岸沿線和聖湖湖畔等處。多樣性和廣泛的地理分布，使聖地成為保留生物多樣性的理想資源。

---

* 譯註：古代挪威人。

　　印度是一個很好的例子。這個國家的科學與環境中心
（Centre for Science and Environment）記錄了現今印度大約一萬四
千個聖地。這些聖地本身的地位，以及當地社團的保護，讓它們
倖免於伐木業和其他行動的破壞，從拉加斯坦（Rajasthan）的灌
木森林到喀拉拉（Kerala）雨林，都成為生物多樣性的寶庫。在
美加拉雅（Meghalaya）地區的一處聖地，已經有半數以上的植
物被當地植物學家歸類為稀有物種，其中包括一些幾十年來都被
認為已從該區域消失的物種。

　　如今有些聖地是當地僅存可找到傳統藥用植物的來源，像是
nataknar 樹（用來幫當地尊貴的牛隻治療胃病）或是一種可食用
的桑葚 *gometi*（*Melothria heterophylla*）；一些印度聖地是開花灌木
310　印度櫻桃（*Carissa carandas*）等植物的來源之一，其根部和花朵
都可用來治療疥癬、發燒及腸胃不適。另外，印度聖地同時也是
社區廚房花園；西印度地區的村民到長滿花椒屬植物 *chirpal* 樹
（*Zanthoxylum rhetsa*）等植物的林子裡採摘它們的莓果及乾燥的花
朵，做為當地菜餚的調味料；位於康坎（Konkan）的林地則可
找到名為 *chitlea* 的小型食用蘑菇。

　　在馬哈拉什特拉（Maharashtra）一帶，村民開始進入當地具
特定用途的聖地，記錄聖地內的生物多樣性。「很多人不停地到
這裡來。他們看起來都對生長在這個林子裡的植物很有興趣。這
讓我們很好奇。是什麼東西吸引這麼多學者前來？」當地的一個
小學教師，達瑪・樓甘德（Dharma Lokande）如此說著：「所以
我們開始記錄這些在地樹木和植物。最終目標是要避免因自己的
疏忽，而被外來者，尤其是藥廠給占了便宜。」

Tab. 155.

PODOCARPUS Nageia.

羅漢松屬（*Podocarpus*）的竹柏

　　有些聖地是罕見野生動植物的天堂。日本下鴨（Shimogamo）神社有約四十個落葉樹物種，包括高達六百歲的高加索櫸和朴樹，是京都南部唯一還能找到原始野生植物的地方。新潟（Niigata）的彌彥（Yahiko）神社則以社地內種植的毛枝東（*chinquapin*）神木聞名。日本其他的神社，像沖繩的齋場（Seifa）則是 *kubanoki*（一種棕櫚）[*] 和野生天竺桂（*Cinnamomum yabunikkei*，一種野生肉桂樹的變型）等原生林的天堂。而在奈良（Nara）的春日（Kasuga）神社對人群招手的竹柏（羅漢松屬植物 *Podocarpus* 的一個種），伴隨著春日杉、赤皮和小石楠等其他一百個樹木或灌木物種，在一九九八年為這個地區贏得了聯合國教科文組織世界遺產（UNESCO World Heritage Site）的稱號。

　　不論你有沒有宗教信仰，多樣性區域都可以讓你「靈性」充滿。「有很多樹林都提供了豐富的精神糧食，像是內華達山脈（Sierra Nevada）的成熟紅木林、澳大利亞的花楸樹林，或是英格蘭的山毛櫸森林，」皇家植物園園藝主任理查・巴里如此說著。地理學講師尚農・巴格圭特也特別強調這些地點的關聯性與相互依賴性：「在高度人為〔以人類為主〕的地球上進行自然保育，其實就是看綠地網絡，」他說道：「單一樹木或林地對自然保育的影響可能不明顯，但若把這些地點想成是一個網絡，那就能形成一個重新看待自然世界的新觀點。天然的聖地或聖域在地球上形成的網絡，可以看成人體的經脈穴道。它們是有療效的。我們

---

* 譯註：クバの木，是沖繩地區對檳榔樹的稱呼。另原文的 seifa 讀音有誤，應為 saiba（齊場）。

也認為它們之間的關係非常重要，不能分開來單獨看待。」具有科學價值的生物多樣性，和自然資本及生態系服務，這兩種觀念是攜手並進的。皇家植物園就是個代表：它結合了科學研究，提供來自倫敦和世界各地的眾多遊客耳目一新的體驗。

國際植物園保護聯盟（Botanic Gardens Conservation International）最近提出的一份報告指出：「植物園已採取了實驗性步驟來擴展客眾，並致力於社區議題和需求」，但報告認為在英國一百三十多個植物園中，只有少數發揮效益，成為「處理我們大家所在意的社會和環境變遷議題的重要地點」。這份報告希望人們認識植物，同時也享受植物。「我一直都清楚，我們得計畫、傳達豐富又刺激的各種感官經驗，同時也得確定我們的活體收藏背後的價值及整體性有被強調出來，」理查·巴里說道。這份報告如此建議：「在這個社會，多數人已經失去與大自然的連結，但氣候變遷和物種滅絕的威脅在未來百年間預期仍將持續惡化；而這時植物園可以扮演的重要角色，就是重新建立人類與植物世界的連結。」

切爾西藥用植物園（Chelsea Physic Garden）的「開架式生物」*計畫，是一個成功吸引遊客的例子。把植物種植在用它們本身製成的相關產品包裝裡面：餅乾罐子裡的麥芽、洋芋片袋子裡的馬鈴薯、花生醬罐子裡的花生等等。這樣的概念深受遊客喜愛。而小朋友在食物產品內發現植物時，也感到十分驚喜。這種做法是某些荒謬情境的解藥：例如（可能只是訛傳），曾有老師要學童們畫雞，但他們只會畫包在保鮮膜裡面、上面印有特易購（Tesco）

313

---

* 譯註：原文 Shelf Life 在這裡是雙關語，原本是指（食）物品保存期限。

標籤的雞。

　　就像巴里所認定的：「大部分的植物園都在做一些有趣的事情，來提供遊客多樣化的經驗……大膽的視覺設計、芳香花園、加入發聲元素、兒童園區等等。有越來越多的共識，希望確保遊客有難忘、深刻或不一樣的經驗。」

　　巴里是個游擊園藝迷，也就是扮演綠手指活動玩家，「接管」無主或廢棄的空間，並用植物來改造空間。「這實在很迷人」，他毫不猶豫地說著：「簡直就是公共意志和自發機會潛在效益的一種極佳實踐。」

　　綠地的種類非常多。保留其生物多樣性不只對地球有絕對益處，對我們自身也是好處多多。

第 25 章

偉大的生產者

THE GREAT PROVIDERS

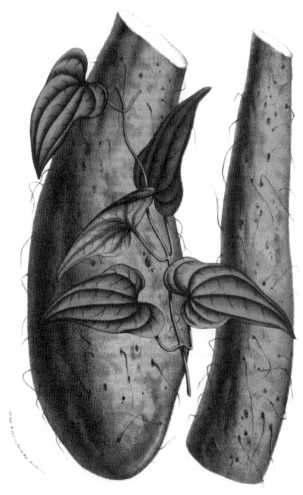

DIOSCOREA BATATAS. Dene.
Igname de Chine. (Rhizome de grand.nat.)

山藥是重要的「新」糧食作物

十八世紀末，皇家植物園剛剛成立，由約瑟夫・班克斯負　317
責掌管，當時英國的前景一片看好。皇室和業界對西方
運輸和貿易的新興機會，都抱持開放態度。儘管許多地方仍面
臨著饑荒問題，但醫藥的進步和財富的增長已使人們更加健康，
生育率也因此提升。而在世界各地多元的植物相中，也陸續找
到大量具科學或商業潛力的物種。就像在第二章所提到的，班克
斯期望利用這些新興的植物學資源，來增加世界上所謂「荒地
（wastelands）」的生產力，為益發興盛的大英帝國供養不斷增加
的人口。

　　雖然班克斯沒有完全達成他的目標，不過他在皇家植物園的
繼任者於世界各地都建立了植物園，來協助開發各種有利可圖的
植物商品。咖啡、柳橙、杏仁、橡膠和桃花心木，是其中一些在
皇家植物園的協助下，於英國殖民地種植的植物。一八九八年，
約瑟夫・張伯倫（Joseph Chamberlain）擔任殖民地大臣（Colonial
Secretary）時，曾在下議院（House of Commons）正式承認：「我
認為這樣說一點也不過分：現在很多我們的重要殖民地所擁有的
繁榮，都得歸功於皇家植物園當局所提供的知識、經驗及協助。」　318

　　殖民時代的任務並未全數達成。當大英帝國瓦解之際，獨立的各國競相仿效前殖民者的開發腳步。工業化，以我們現在才開始逐漸了解的方式，徹底地改變了全世界的氣候；自然生態系也因開拓農業用地和建設都市而遭受改變，破壞了維持地球可居住性所需的生態系服務。預計在二〇五〇年，全球人口會從現在的七十一億增加到九十七億，加上所剩下的農耕土地資源相當有限，因此未來該如何取得足夠的糧食，將是個令人擔憂的挑戰。

　　儘管留下令人不安的後果，班克斯的看法裡還是有些概念能讓我們發揮，用來解消一些最近加諸於地球的損害。首先，不論我們打算使用什麼方法來解決眼前最緊要的問題，都得從放眼世界的宏觀角度出發，因為氣候變遷、生物多樣性流失和污染等問題，都不會侷限在特定國界內。而且，就像班克斯把植物視為有潛在價值的商品般，我們必須了解全世界生物多樣性的經濟價值。基於當前生產和消費都不斷增長的經濟模式，財政增長勢必得與環境破壞脫鉤。意思就是，要賦予生態系和其所提供的服務一個夠高的價值，讓所有政府和企業都能理解其對社會經濟價值及人類福祉的貢獻。如果我們不保留生物多樣性，就必須承擔失去重要生態系服務的風險。事實已經證明，以其他的人為替代性方案來取代這些服務，通常都要耗費更高的成本，也會對世界上的貧窮人口造成更大衝擊。

319　　就解決全世界氣候和土地利用的挑戰，還有關於提升永續性的爭論和行動上，兩百五十多年來身為植物科學之中心的皇家植物園，是最適合肩負此任務的單位。皇家植物園的千年種子庫、植物標本館、菌類標本館（Fungarium）無與倫比的收藏——以

我們百分之六十的食物能量攝取來自於僅僅三種的食用植物：
稻米、玉米和小麥(上圖)

及一起工作的分類學家、系統分類學家和遺傳學家——都是重要的地球資源，用以了解植物和真菌對人類的貢獻。皇家植物園的三百多位科學家和技術人員對全世界植物相有深入的了解，包括那些有潛能成為新的食物、生質燃料和商品的物種。還有，可能是最重要的一點，皇家植物園持續儲存活體收藏品植物組織內的遺傳物質，利用遺傳變異繁殖來矯正現代農作物；以這種實際的方式，去協助修正生物多樣性流失和氣候變遷所造成的衝擊。

資誠聯合會計師事務所（PricewaterhouseCoopers, PwC）著手 320
進行一項研究，計算現代農作物野生近緣種遺傳多樣性的金融價值。就像第十四章所述，這些作物野生近緣種（crop wild relatives〔CWRs〕）含有一些有用的性狀，像是耐旱和彈性面對氣候變化。在許多現代農作物的育種過程中，為了保留高產量和美味基

因，這些性狀被篩選掉了。然而，如果要農作物能夠應付在可預見的未來中會發生的氣候變遷，它們得要能適應天氣變化。唯一的解決之道，就是找到現代農作物野生近緣種的遺傳多樣性，同時利用它們來將所需性狀育種回到現代農業品種（cultivars）體內。PwC 的結論是：農作物的遺傳野生近緣種，如今在全世界的農業價值高達兩千億美元。

合夥人之一的理查德・湯普森（Richard Thompson）解釋他們如何得到這個數字：

> 我們分析了很多數據，訪問了大約四十個業界人士，同時也收集了所有可得的資料，來證明使用 CWRs 可以增加的產量。然後我們把結果套進一個大型財務模型裡面，得到「對產量造成的影響是 X」。我們設定了一連串假設，試圖找出所增加的產量中，有多少比例是來自於農作物體內的 CWRs 性狀。然後我們把結果轉化成金額，來代表產出的利潤。我們從三種農作物開始：小麥、稻米和馬鈴薯。我們挑選這三樣，是因為它們在世界各地普遍種植，而且關於 CWRs 對它們造成的衝擊已有大量的研究。最後，我們把得到的結果外推至所有使用 CWRs 的農作物上，並得到總值兩千億美元的利益數目。

雖然光這樣就能看出有很大的價值，但許多證據也支持這個結果，顯示使用 CWRs 在增加產量方面的確有相當大的助益。以馬鈴薯疫病為例，這個疾病在十九世紀中期嚴重破壞了愛爾蘭的

農業。造成偌大破壞的原因之一，在於當時所有農人均採用一種名為「大馬鈴薯（Lumper）」的變種。這個變種的繁殖力非常強；這代表當時所有的馬鈴薯都是基因型完全相同的複製植株。更糟的是，「大馬鈴薯」特別容易受到不等鞭毛門（stramenopile）的馬鈴薯晚疫黴感染，而患上這種疾病。如今，農人靠著增加現代馬鈴薯品系的遺傳多樣性，來避免重蹈覆轍。

「很多研究顯示，利用 CWRs 可以減少百分之三十的馬鈴薯疫病衝擊，」理查德說道：「換句話說，透過特定的 CWRs，你可以提高馬鈴薯產量，增加百分之三十的利潤。把這種看法套用到所有供應鏈上，可以為產業帶來很高的價值。」

還有另外一些研究，是評估生物多樣性所提供的授粉等生態系服務為每位農人帶來的利益。大家都知道，從蘋果、洋蔥到芥蘭，許多植物都是靠蟲媒授粉（尤其是蜜蜂授粉）來繁殖。但鮮為人知的是，若缺乏合適的景觀條件，像是距離農作物夠近的合適築巢棲地，授粉就會嚴重下降，因為大部分品種的蜜蜂無法飛行超過一公里而不進食。如果農田附近能做為棲息地的生物多樣性區塊數目減少了，就會造成重大的衝擊。

美國的世界野生生物基金會（World Wildlife Fund）、史丹佛大學和堪薩斯大學在一項合作研究計畫中清楚證實了這個觀點。他們想要找出在農業景觀中保存生物多樣性森林區塊的潛在經濟價值。科學家檢驗農田產量和市場價格等數據，來估算哥斯大黎加一塊咖啡田附近、熱帶雨林各區塊內居住的野生蜜蜂藉由授粉所帶來的金融價值。

他們發現，這些生物多樣性森林區塊（提供蜜蜂重要的築巢

棲息地）的距離直接影響了咖啡豆產量；距離森林大約一公里的農田區域，產量高出百分之二十。靠近樹木茂盛部位的授粉產生「公豆」（咖啡果裡面有兩個咖啡種子，如果只有一個種子受精，稱為部分受精，產出的咖啡豆比較小）的頻率較低，如此也提升了咖啡品質達百分之二十七。研究人員計算出這些森林區塊裡面，蜜蜂所造成的授粉，在二〇〇二年到二〇〇三年約帶來六萬元美金的收入。保存這些區塊，在增加生物多樣性的同時，也讓生態系服務得以維持。計算這些類似服務的財務效益，像是碳儲存和水純化等等，也有助於建立具體案例來有償支付土地擁有者，讓他們保存農業及其他棲息地區域內的森林區段。

　　咖啡產業對生物多樣性流失和氣候變遷特別敏感。咖啡是很特殊的商品，雖然目前有一百二十四個已知的咖啡物種，但是只有兩種被用在咖啡主要的商業化生產：小果咖啡（*Coffea arabica*）（阿拉比卡種〔Arabica〕）和中果咖啡（*C. canephora*）（羅布斯塔種〔*robusta*〕）。其中小果咖啡生產出來的咖啡最好喝，也是專業用的品種。它可能起源自衣索比亞，在大約五萬到一百萬年前，由一次中果咖啡和歐基尼奧伊德斯種咖啡（*C. eugenioides*）偶發的雜交而來。小果咖啡在十五世紀開始風行，當時農人們開始種植這種咖啡，每個咖啡園都是由單一咖啡物種建立而成，遺傳多樣性因此萎縮。「現在世界各地咖啡園的咖啡植株，和你在衣索比亞所能找到的，大概只有不到百分之一的遺傳變異。」皇家植物園植物標本館的咖啡研究主管亞倫·戴維斯（Aaron Davis）如此說著。

324

COFFEA ARABICA L.

Der Arabische Caffee.

小果咖啡的植株

　　如今，這些植物已成為全世界第二高價的國際商品。雖然適應疾病或乾旱的遺傳性狀可被育種回到基因不完善的品種（cultivars）內，但小果咖啡的時日可能已經不多了。皇家植物園在二○一二年的一項研究指出，到了二○八○年，氣候變遷可能造成衣索比亞和南蘇丹適合野生小果咖啡生存的環境銳減百分之六十五至百分之百。這意味著咖啡產業在未來將面臨重大變化。咖啡支持著全球兩千五百萬個農業家庭、超過一億人口的生計。「二○八○年的環境和現在絕對會不一樣，」皇家植物園地理學資訊系統單位（Geographic Information Systems Unit）的賈斯丁‧莫特（Justin Moat）在這項研究中模擬未來的氣候情境，他如此解釋：「我們現在能得知到時的氣候條件可能是什麼樣子，所以可以說：『如果我們要種咖啡，就在這邊種，或是移到那邊去。』還是可以做些事情來應對的；我們現在有資訊，也仍有時間。」

　　但同等重要的是，如果小果咖啡最終消失了，我們相信還有一些目前未開發的咖啡品種可以嘗試。不過令人擔憂的是，很多品種的棲息地也同樣遭受威脅；土地利用的改變是主要原因。六十一個生長在馬達加斯加的咖啡品種就是其中的例子。非商業用途的咖啡品種也可能產出其他的利益。十九世紀的探險家大衛‧李文斯頓（David Livingstone）曾報告過，咖啡木材在撒哈拉沙漠以南非洲（sub-Saharan Africa）被用來建造小屋。這種筆直、厚重、強韌的木材能耐白蟻，擁有製成家具的潛能。而果實和樹葉也可做為食物（綠色豆子可以做為替代性食物），葉子可以製茶，而果肉可以榨製成飲料。

　　說到「新」食用農作物，山藥（薯蕷屬〔*Dioscorea*〕物種）非常重要。從野生特有種（地區獨有的物種）到高價值的栽培變種，在熱帶地區生長的山藥一共有六百種。山藥是熱帶和亞熱帶地區的主要食物來源，尤其在西非；但在能夠生產穀類農作物的地方，它們的重要性常常被忽略。不過，在它們確實是其他農作物歉收時的重要備案。「它們是饑荒食物，」皇家植物園植物標本館的山藥專家，保羅・威爾金（Paul Wilkin）說道：「日子難過時，大家就吃山藥。」

　　即將到來的全球性氣候變遷和人口增加，對非洲和亞洲的挑戰尤其嚴峻，在這些地方，山藥更是當前農作物的有效替代品。塊莖是它們巨大的地下倉庫，使其健壯結實，又能適應乾燥氣候。而玉米和稻米等穀類植物需要大量水分，在乾旱來襲時常常歉收。就像威爾金所解釋的：「山藥是一個良好又安全的方向，科學家要找出培植方法，讓它們更適合既有的農業。現在我們稱它們為孤兒農作物（orphan crop），不被世界財政系統重視的農作物。它們可能不是大家最喜歡的食物，但卻能保證不讓人餓肚子。」

　　咖啡和山藥的例子，再再證明了皇家植物園的植物情報在辨識潛在新商品上的重要性；這是喬治三世和維多利亞女王最初指派給皇家植物園的重要角色之一，如今它仍持續有效地扮演著。如果約瑟夫・班克斯回到今日的皇家植物園，他一定會認同植物園現在的目標：應用兩百五十多年來累積的專業能力，來協助鞏固未來世代的飲食補給。他一直想要發揮植物做為商品的潛能，所以無疑地也會樂見皇家植物園在塑造諸如橡膠等產業上所扮演

326

的角色。（這些殖民企業對人類福祉和錯綜複雜的植物世界造成了毀滅性的衝擊，希望他也能承擔一些這樣的責任。）

　　不過，讓班克斯最感驚訝的，可能會是這件事：由他派出海外的第一個植物獵人所帶回來的非洲蘇鐵暨食用植物南非大鳳尾蕉，仍然在棕櫚館健康地成長著。就像皇家植物園本身一樣——從十八世紀開館以來，一直都是歷經各種變化的植物科學研究之核心機構，而且未來還會繼續繁榮下去。

致謝

作者們要感謝以下這些人，在本書寫作過程中提供了實用的 327 建議和更正：英國皇家植物園的比爾‧貝克（Bill Baker）、理查‧巴理（Richard Barley）、翰克‧班傑（Henk Beentje）、保羅‧坎能（Paul Cannon）、馬克‧柴斯（Mark Chase）、柯林‧可拉比（Colin Clubbe）、亞倫‧戴維斯（Aaron Davis）、史帝夫‧戴維斯（Steve Davis）、伊恩‧達比夏爾（Iain Darbyshire）、布林‧丹庭爾（Bryn Dentinger）、約翰‧篆菲爾德（John Dransfield）、蘿倫‧加德納（Lauren Gardiner）、提姆‧哈里斯（Tim Harris）、安德魯‧傑克森（Andrew Jackson）、湯尼‧克科姆（Tony Kirkham）、傑弗瑞‧愷特（Geoffrey Kite）、伊莉雅‧里契（Ilia Leitch）、文森巴潤‧瑟拉森（Viswambharan Sarasan）、安德烈‧修艾德曼（André Schuiteman）、莫妮可‧西蒙茲（Monique Simmonds）、奈傑爾‧維奇（Nigel Veitch）、露西‧史密斯（Lucy Smith）、保羅‧史密斯（Paul Smith）、沃夫甘‧史達比（Wolfgang Stuppy）、史考特‧泰勒（Scott Taylor）、奧利弗‧惠利（Oliver Whaley）和保羅‧威爾金（Paul Wilkin）；倫敦林奈學會的琳達‧布魯克斯（Linda Brooks）和姬娜‧道格拉斯（Gina Douglas）；還有英國開放大學（Open University）的尚農‧巴格圭特（Shonil Bhagwat）。特別感謝皇家植物園的姬娜‧弗勒拉弗（Gina Fullerlove）和馬克‧內斯彼特（Mark Nesbitt）；謝謝吉姆‧恩德斯比（Jim Endersby）為全文提供寶貴意見，還有克雷格‧布拉福（Craig Brough）及植物園的圖書館及典藏團隊，在研究過程中幫忙查找文獻資料。

　　皇家植物園的出版團隊除了向上述所有人員致謝之外，還要感謝琳恩・帕克（Lynn Parker）、茱莉婭・巴克利（Julia Buckley）、及植物園圖書館內藝術和典藏團隊的所有工作人員；皇家植物園攝影師保羅・利特（Paul Little）和安德魯・馬克羅勃（Andrew McRobb）；英國國家廣播公司（BBC）的珍・埃利森（Jane Ellison）、凱蒂・波拉德（Katie Pollard）、阿德里安・沃什伯恩（Adrian Washbourne）和蓁・溫提（Jen Whyntie）；約翰・莫瑞出版社（John Murray）的喬治娜・萊科克（Georgina Laycock）、卡洛琳・韋斯特莫爾（Caroline Westmore）、茱麗葉・布萊特摩爾（Juliet Brightmore）、莎拉・馬若菲尼（Sara Marafini）和亞曼達・瓊斯（Amanda Jones）；還有海瑟・安杰爾（Heather Angel）、碧歌娜・阿葛瑞—哈德森（Begoña Aguirre-Hudson）、克莉絲汀・畢爾德（Christine Beard）、依蘭・查瓦特（Elaine Charwat）、提姆・哈里斯（Tim Harris）、科里斯多福・米爾斯（Christopher Mills）、蘿拉・馬丁尼斯—蘇斯（Laura Martinez-suz）、琳恩・摩達貝瑞（Lynn Modaberi）、維琪・墨菲（Vicky Murphy）、莎拉・菲利浦（Sarah Philips）、安娜・昆比（Anna Quenby）、葛瑞格・瑞德伍德（Greg Redwood）、雪莉・舍伍德（Shirley Sherwood）、米歇爾・凡史列准（Michiel van Slageren）、瑞安・史密斯（Rhian Smith）以及瑪莉亞・若望蘇法（Maria Vorontsova）。特別要感謝著作團隊的凱西・威里斯（Kathy Willis）、卡洛琳・弗萊（Carolyn Fry）、諾曼・米勒（Norman Miller）和艾瑪・湯思罕（Emma Townshend），讓這本書得以誕生。

328

圖 片 來 源

除非另行註明，書中所有圖片的版權皆屬英國皇家植物園信 329
託委員會所有。

Text: p.v, *The Botanic Macaroni*, etching by Matthew Darly, 1772, © The Trustees of the British Museum; p.1, Rudbeck woodcut of *Linnaea borealis* by permission of the Linnean Society of London; p.20, John Hawkesworth, *Voyages*, Vol. 2, 1773; p.46, World History Archive/Alamy; p.53, © The Armitt Trust; p.69, *Illustrated London News*, November 1849; p.75, The Stapleton Collection/Bridgeman Art Library; p.79, *Illustrated London News*, January 1851; p.133, James King-Holmes/Science Photo Library; p.137, John Innes Archives courtesy of the John Innes Foundation; p.139, Morphart Creation/ Shutterstock; p.147, Paul B. Moore/ Shutterstock; p.161, Universal Images Group Ltd/Alamy; p.162, Niall Benvie/Alamy; p.168, Philip Scalia/Alamy; p.174, Mary Evans Picture Library/John Massey Stewart Collection; p.247, Oliver Whaley; p.264, *Amborella trichopoda* by Alice Tangerini /Shirley Sherwood Collection; p.283, John Dransfield; p.287, pio3/ Shutterstock; p.293, Peter Gasson; p.295, William J. Baker; p.302, The Stapleton Collection/Bridgeman Art Library; p.315, Quagga Media/Alamy.

Colour plate sections: 1/4 above, © The Trustees of The Natural 330
History Museum, London; 1/4 below, by permission of the Linnean

Society of London; 2/1 below, Michael Graham-Stewart/Bridgeman Art Library; 2/7, *Angraecum sesquipedale* by Judi Stone; 3/1 above right and below, Colin Clubbe; 3/3 above, National Gallery London/Bridgeman Art Library; 3/3 below, Leslie Garland Picture Library/Alamy; 4/1 above and below, Henk Beentje; 4/3, John Dransfield; 4/8 above, Heather Angel/Natural Visions; 4/8 below, Laura Martinez-suz.

我們已盡力聯繫版權所有人，如有任何錯誤或遺漏，約翰·莫瑞出版社非常樂意於在再刷或再版時加入合適的致謝詞。

Icon illustrations: 1, Rudbeck woodcut of *Linnaea borealis*; 2, Wardian case, for growing ferns; 3, stamp marking William Hooker's herbarium sheets at Kew; 4, potato, from John Gerard's *Herbal or General Historie of Plantes*, 1633; 5, *Phormium tenax*, the New Zealand flax; 6, Annie Paxton standing on *Victoria amazonica* leaf; 7, rubber seedling (*Hevea brasiliensis*); 8, *Stanhopea* orchid in the wild, from James Bateman's *The Orchidaceae of Mexico and Guatemala*, 1837–43; 9, *Lantana camara*, invasive plant, native of South America; 10, Gregor Mendel; 11, microscope, engraved illustration, 1889; 12, adder's tongue fern (*Ophioglossum*), a record-breaking polyploid, having 96 sets of chromosomes; 13, European elm bark beetle (*Scolytus multi-striatus*); 14, Bright wheat, from John Gerard's *Herbal or General Historie of Plantes*, 1633; 15, packets of quinine from India, each containing five grains of pure quinine, commonly sold at post offices; 16, illustration from

Charles Darwin's *The Movements and Habits of Climbing Plants*, 1876; 17, *Nymphaea thermarum*, the Rwandan pigmy waterlily, by Lucy T. Smith; 18, acorns and oak leaves from John Gerard's *Herbal or General Historie of Plantes*, 1633; 19, *Centaurea melitensis* seeds; 20, *Arabidopsis thaliana*; 21, tree of plant evolution; 22, palm from Roxburgh Collection, painted in Calcutta; 23, globe, engraved illustration, 1851; 24, detail from sacred Hindu grove near Chandod on the banks of the Narmada river, 1782; 25, engraving of bee pollinating flower.

延伸閱讀

Allan, Mea, *The Hookers of Kew, 1785–1911*, Michael Joseph, 1967

Banks, Joseph, *The Journal of Joseph Banks in the Endeavour, 1768– 1771*, Genesis Publications, 1980

Banks, R.E.R., Elliott, B., Hawkes, J.G., King-Hele, D. and Lucas, G.L. (eds), *Sir Joseph Banks: A Global Perspective*, Royal Botanic Gardens, Kew, 1994

Bateman, James, *The Orchidaceae of Mexico & Guatemala*, Ridgway & Sons, 1837– 43

Blunt, Wilfrid, *Linnaeus: The Compleat Naturalist*, Frances Lincoln, 2004

Brasier, Clive, 'New Horizons in Dutch Elm Disease Control', *Report on Forest Research*, HMSO, 1996

Chambers, Neil (ed.), *Scientific Correspondence of Sir Joseph Banks, 1765–1820*, Pickering and Chatto, 2007

Colquhoun, Kate, *'The Busiest Man in England': A Life of Joseph Paxton, Gardener, Architect and Victorian Visionary*, Fourth Estate, 2006

Craft, Paul, Riffle, Robert Lee and Zona, Scott, *The Encyclopedia of Cultivated Palms*, Timber Press, 2012

Darwin, Charles, *On the Origin of Species by Means of Natural Selection*, John Murray, 1859

Desmond, Ray, *Sir Joseph Dalton Hooker: Traveller and Plant Collector*, Antique Collectors' Club, 1999

—— , *The History of the Royal Botanic Gardens, Kew*, 2nd edn, Royal Botanic Gardens, Kew, 2007

Dransfield, John, Uhl, Natalie W., Asmussen, Conny B., Baker, William J., Harley, Madeline M. and Lewis, Carl E., *Genera Palmarum: The Evolution and Classification of Palms*, 2nd edn, Royal Botanic Gardens, Kew, 2008

Endersby, Jim, *A Guinea Pig's History of Biology: The Animals and Plants Who Taught Us the Facts of Life*, William Heinemann, 2007

—— , *Imperial Nature: Joseph Hooker and the Practices of Victorian Science*, Chicago,

IL: University of Chicago Press, 2008

——, Orchid, Reaktion Books (forthcoming)

Flanagan, Mark and Kirkham, Tony, *Wilson's China: A Century On*, Royal Botanic Gardens, Kew, 2009

Fry, Carolyn, *The World of Kew*, BBC Books, 2006

——, *The Plant Hunters: The Adventures of the World's Greatest Botanical Explorers*, Andre Deutsch, 2009

——, Seddon, Sue and Vines, Gail, *The Last Great Plant Hunt: The Story of Kew's Millennium Seed Bank*, Royal Botanic Gardens, Kew, 2011

Greene, E.L., *Landmarks of Botanical History*, Redwood City, CA: Stanford University Press, 1983

Griggs, Patricia, *Joseph Hooker: Botanical Trailblazer*, Royal Botanic Gardens, Kew, 2011

Harberd, Nicholas, *Seed to Seed: The Secret Life of Plants*, Bloomsbury, 2006

Holway, Tatiana, *The Flower of Empire: An Amazonian Water Lily, the Quest to Make it Bloom, and the World it Created*, Oxford University Press, 2013

Honigsbaum, Mark, *The Fever Trail: The Hunt for the Cure for Malaria*, Macmillan, 2001

Hoyles, M., *The Story of Gardening*, Journeyman, 1991

Jarvis, Charlie, *Order Out of Chaos: Linnaean Plant Names and Their Types*, Linnean Society of London, 2007

Jeffreys, Diarmuid, *Aspirin: The Remarkable Story of a Wonder Drug*, Bloomsbury, 2004

Kingsbury, Noël, *Hybrid: The History and Science of Plant Breeding*, Chicago, IL: University of Chicago Press, 2009

Koerner, Lisbet, *Linnaeus: Nature and Nation*, Cambridge, MA: Harvard University Press, 1999

Lack, H. Walter and Baker, William J., *The World of Palms*, Berlin: Botanischer Garten und Botanisches Museum Berlin-Dahlem, 2011

Loadman, John, *Tears of the Tree: The Story of Rubber – A Modern Marvel*, Oxford University Press, 2005

Loskutov, Igor, G., *Vavilov and His Institute: A History of the World Collection of Plant Genetic Resources in Russia*, Rome: International Plant Genetic Resources Institute, 1999

Mawer, Simon, *Gregor Mendel: Planting the Seeds of Genetics*, New York: Abrams, 2006

Money, Nicholas P., *The Triumph of the Fungi: A Rotten History*, Oxford University Press, 2007

Morgan, J. and Richards, A., *A Paradise Out of a Common Field: The Pleasures and Plenty of the Victorian Garden*, Century, 1990

Morton, Alan G., *History of Botanical Science: An Account of the Development of Botany from Ancient Times to the Present Day*, Academic Press, 1981

Nabhan, Gary Paul, *Where Our Food Comes From: Retracing Nikolay Vavilov's Quest to End Famine*, Island Press, 2009

Pringle, Peter, *The Murder of Nikolai Vavilov: The Story of Stalin's Persecution of One of the Great Scientists of the Twentieth Century*, Simon and Schuster, 2008

Saunders, G., *Picturing Plants: An Analytical History of Botanical Illustration*, 2nd edn, Chicago, IL: University of Chicago Press, 2009

Schiebinger, L., *Plants and Empire: Colonial Bioprospecting in the Atlantic World*, Cambridge, MA: Harvard University Press, 2004

Schumann, Gail Lynn, *Hungry Planet: Stories of Plant Diseases*, St Paul, MN: APS Press, 2012

Suttor, George, *Memoirs Historical and Scientific of the Right Honourable Joseph Banks*, BART, Parramatta, NSW: E. Mason, 1855

Turrill, W.B., *Pioneer Plant Geography: The Phytogeographical Researches of Sir Joseph Dalton Hooker*, The Hague: Martinus Nijhoff, 1953

Weber, Ewald, *Invasive Plant Species of the World: A Reference Guide to Environmental Weeds*, CABI Publishing, 2003

Willis, Kathy and McElwain, Jennifer, *The Evolution of Plants*, Oxford University Press, 2013

線上資源

Darwin Correspondence Project: http://www.darwinproject.ac.uk/
Darwin Online: http://darwin-online.org.uk
Joseph Hooker Correspondence:
http://www.kew.org/science-conservation/collections/joseph-hooker
Royal Botanic Gardens, Kew: http://www.kew.org

索引

此處頁碼為原書頁碼，斜體數字為圖片註解

國家圖書館出版品預行編目資料

線上版讀者回函卡

英國皇家植物園巡禮：走進帝國的知識寶庫，一探近代植物學的縮影 /
凱西‧威里斯(Kathy Willis), 卡洛琳‧弗萊(Carolyn Fry)著；鄭景文, 郭雅莉, 蔡佳澄譯.
二版-- 臺北市：商周出版, 城邦文化事業股份有限公司出版：英屬蓋曼群島商家庭傳
媒股份有限公司城邦分公司發行, 2024.05　面；　公分 - -（科學新視野；129）
譯自：Plants : From Roots to Riches
ISBN 978-626-390-042-4(平裝)

1. 植物學史　2. 英國

370.941　　　　　　　　　　　　　　　　　　　　　113001797

英國皇家植物園巡禮：走進帝國的知識寶庫，一探近代植物學的縮影

原 著 書 名／Plants: From Roots to Riches
作　　　者／凱西‧威里斯（Kathy Willis）、卡洛琳‧弗萊（Carolyn Fry）
譯　　　者／鄭景文、郭雅莉、蔡佳澄
企 畫 選 書／夏君佩
責 任 編 輯／洪偉傑、楊如玉

版　　　權／林易萱、吳亭儀
行 銷 業 務／賴正祐、林詩富、周丹蘋
總 編 輯／楊如玉
事業群總經理／黃淑貞
總 經 理／彭之琬
發 行 人／何飛鵬
法 律 顧 問／元禾法律事務所　王子文律師
出　　　版／商周出版
　　　　　　115台北市南港區昆陽街16號4樓
　　　　　　電話：(02) 25007008　傳真：(02)25007579
　　　　　　E-mail：bwp.service@cite.com.tw
發　　　行／英屬蓋曼群島商家庭傳媒股份有限公司城邦分公司
　　　　　　115台北市南港區昆陽街16號8樓
　　　　　　書虫客服服務專線：(02)25007718；(02)25007719
　　　　　　服務時間：週一至週五上午 09:30-12:00；下午 13:30-17:00
　　　　　　24 小時傳真專線：(02)25001990；(02)25001991
　　　　　　劃撥帳號：19863813；戶名：書虫股份有限公司
　　　　　　讀者服務信箱：service@readingclub.com.tw
　　　　　　城邦讀書花園　網址：www.cite.com.tw
香港發行所／城邦（香港）出版集團有限公司
　　　　　　香港九龍土瓜灣土瓜灣道86號順聯工業大廈6樓A室
　　　　　　電話：(852) 25086231　傳真：(852) 25789337　E-mail：hkcite@biznetvigator.com
馬新發行所／城邦（馬新）出版集團　Cite (M) Sdn. Bhd.
　　　　　　41, Jalan Radin Anum, Bandar Baru Sri Petaling, 57000 Kuala Lumpur, Malaysia.
　　　　　　電話：(603) 90578822　傳真：(603) 90576622　E-mail：cite@cite.com.my

封 面 設 計／周家瑤
排　　　版／菩薩蠻數位文化有限公司
印　　　刷／韋懋實業有限公司
經 銷 商／聯合發行股份有限公司
　　　　　　電話：(02)2917-8022　傳真：(02)2911-0053
　　　　　　地址：新北市 231 新店區寶橋路 235 巷 6 弄 6 號 2 樓

2024 年 5 月 二版　　　　　　　　　　　　　　　　　　Printed in Taiwan
定價 550 元

城邦讀書花園
www.cite.com.tw

115　台北市南港區昆陽街16號8樓

英屬蓋曼群島商家庭傳媒股份有限公司　城邦分公司

- -

請沿虛線對摺，謝謝！

書號: BU0129X	書名: 英國皇家植物園巡禮	編碼:

讀者回函卡

線上版讀者回函

感謝您購買我們出版的書籍！請費心填寫此回函卡，我們將不定期寄上城邦集團最新的出版訊息。

姓名：＿＿＿＿＿＿＿＿＿＿＿＿＿＿＿＿＿＿＿ 性別：□男 □女

生日：西元＿＿＿＿＿＿年＿＿＿＿＿＿月＿＿＿＿＿＿日

地址：＿＿＿＿＿＿＿＿＿＿＿＿＿＿＿＿＿＿＿＿＿＿＿＿＿

聯絡電話：＿＿＿＿＿＿＿＿＿＿ 傳真：＿＿＿＿＿＿＿＿＿＿

E-mail：

學歷：□ 1. 小學 □ 2. 國中 □ 3. 高中 □ 4. 大學 □ 5. 研究所以上

職業：□ 1. 學生 □ 2. 軍公教 □ 3. 服務 □ 4. 金融 □ 5. 製造 □ 6. 資訊

　　　□ 7. 傳播 □ 8. 自由業 □ 9. 農漁牧 □ 10. 家管 □ 11. 退休

　　　□ 12. 其他＿＿＿＿＿＿＿＿＿＿＿＿＿＿＿＿＿＿＿＿

您從何種方式得知本書消息？

　　　□ 1. 書店 □ 2. 網路 □ 3. 報紙 □ 4. 雜誌 □ 5. 廣播 □ 6. 電視

　　　□ 7. 親友推薦 □ 8. 其他＿＿＿＿＿＿＿＿＿＿＿＿＿＿＿

您通常以何種方式購書？

　　　□ 1. 書店 □ 2. 網路 □ 3. 傳真訂購 □ 4. 郵局劃撥 □ 5. 其他＿＿＿

您喜歡閱讀那些類別的書籍？

　　　□ 1. 財經商業 □ 2. 自然科學 □ 3. 歷史 □ 4. 法律 □ 5. 文學

　　　□ 6. 休閒旅遊 □ 7. 小說 □ 8. 人物傳記 □ 9. 生活、勵志 □ 10. 其他

對我們的建議：＿＿＿＿＿＿＿＿＿＿＿＿＿＿＿＿＿＿＿＿＿

＿＿＿＿＿＿＿＿＿＿＿＿＿＿＿＿＿＿＿＿＿＿＿＿＿＿＿＿＿

＿＿＿＿＿＿＿＿＿＿＿＿＿＿＿＿＿＿＿＿＿＿＿＿＿＿＿＿＿